佐伯チズ式　究極の"肌診断"

美容教母90天
肌肤大改造

[日]佐伯千津 著　　陈玉叶 译

广西科学技术出版社

著作权合同登记号：桂图登字：20-2011-117号

SAEKI CHIZU SHIKI KYUKYOKU NO [HADA SHINDAN] – DAREDEMO
<BIJIN HADA> NI KAWARU by Chizu Saeki
Copyright © Chizu Saeki, 2010
All rights reserved.
Original Japanese edition published by SEKAI BUNKA PUBLISHING INC., Tokyo.
This Simplified Chinese language edition is published by arrangement with
SEKAI BUNKA PUBLISHING INC., Tokyo in care of Tuttle-Mori Agency, Inc., Tokyo

图书在版编目（CIP）数据

美容教母90天肌肤大改造／（日）佐伯千津著；陈玉叶译. —南宁：广西科学技术出版社，2013.8（2020.3重印）
ISBN 978-7-80763-792-9

Ⅰ.①美… Ⅱ.①佐… ②陈… Ⅲ.①女性—美容—基本知识 Ⅳ.①TS974.1

中国版本图书馆CIP数据核字（2013）第171892号

MEIRONG JIAOMU 90 TIAN JIFU DA GAIZAO
美容教母90天肌肤大改造

[日] 佐伯千津 著　　陈玉叶 译

责任编辑：蒋　伟　　　　　　　　　封面设计：于　是
责任校对：张思雯　　　　　　　　　版式设计：卜翠红
责任印制：高定军

出 版 人：卢培钊　　　　　　　　出版发行：广西科学技术出版社
社　　址：广西南宁市东葛路66号　邮政编码：530023
电　　话：010-58263266-804（北京）　0771-5845660（南宁）
传　　真：0771-5878485（南宁）
网　　址：http://www.ygxm.cn　　在线阅读：http://www.ygxm.cn

经　　销：全国各地新华书店
印　　刷：唐山富达印务有限公司　　邮政编码：301505
地　　址：唐山市芦台经济开发区农业总公司三社区
开　　本：880mm×1240mm　1/32
字　　数：180千字　　　　　　　　印　　张：5.5
版　　次：2013年8月第1版　　　　印　　次：2020年3月第16次印刷
书　　号：ISBN 978-7-80763-792-9
定　　价：32.00元

版权所有　侵权必究
质量服务承诺：如发现缺页、错页、倒装等印装质量问题，可直接向本社调换。
服务电话：010-58263266-805　　团购电话：010-58263266-804

A. 拯救苦夏橙肌：

表现 毛孔不平整，皮肤粗糙

原因 □ 每天都过度清洁

□ 毛孔过大是护肤品不合适的标志

解决 →请翻到 **P40**

B. 拯救草莓肌：

表现 毛孔粗大，容易长斑

原因 □ 讨厌皮肤黏黏的感觉，要做的护肤功课就马马虎虎偷懒了

□ 皮肤变得粗糙（长深皱纹的前兆）

解决 →请翻到 **P66**

C. 拯救温州橘肌：

表现 皮肤很薄，容易受伤

原因 □ 在无意识的情况下擦脸

□ 角质层薄的肌肤是自己虐待的结果

解决 →请翻到 **P92**

D. 拯救葡萄柚肌：

表现 皮肤有点厚，化妆品易残留

原因 □ 只知道补水，忽视补油

□ 代谢紊乱让厚厚的角质层不停堆积

解决 →请翻到 **P118**

谁都可以拥有美人肌

40多年来，我一直抱有一个梦想，就是"要让更多的女性朋友变漂亮"。

为了实现这个梦想，直到今天为止，我仍然坚持做一名一线美容师，通过亲身实践去了解不同肌肤的保养方式。同时，我还一直通过书本、电视、交流会等途径，试图向更多的女性传达自己独特的美容哲学。

在这过程中，我最常听到的声音就是"我明明已经在很认真地护肤了，皮肤却没有因此得到应有的回报，并没有和想象中一样变漂亮"。

"不知道自己适合哪种护肤品。""皮肤很敏感，什么都不能抹。""已经按照佐伯老师介绍的护肤方法进行护肤了，但是……"虽然听到的声音不尽相同，但是每当我听到女性朋友这些发自内心烦恼的心声，我的心情都会变得和她们一样焦急。

我是多么想大声地告诉她们，她们原本可以变得更漂亮，现在却眼睁睁地看着机会从指缝中溜走。

因此，我进一步认真思考，想知道究竟有没有一个可以具体指导、解救女性朋友的方法。终于，在总结了这45年来，我诊断过近10万人肌肤的大量资料后，我得出了一个全新的肌肤保养提案。

这个保养提案彻底颠覆了之前被视为肌肤常识的内容，我根据肌肤问题的倾向进行了诊断，将肌肤分为4种类型，然后根据不同种类，分别提出达到理想肌肤状态的对策。与以往大家接收的美容信息不同，我所提出的肌肤分类，绝不是简单地将肌肤分为干燥肌、油性肌、混合性肌，而是从肌肤诊断的本质出发，将肌肤类型分为下面4种。

春季型烦恼肌肤　　▲ 毛孔不平整，皮肤粗糙的"苦夏橙肌"
夏季型烦恼肌肤　　▲ 毛孔粗大，容易长斑的"草莓肌"
秋季型烦恼肌肤　　▲ 皮肤很薄，容易受伤的"温州橘肌"
冬季型烦恼肌肤　　▲ 皮肤有点厚，化妆品易残留的"葡萄柚肌"

这本书认真总结出了能够拯救你的肌肤的，绝无仅有的，绝对值得一看的所有美容术。

这是一本"不同类型肌肤的护肤说明书"，是第一本明确告诉大家究竟要如何护理自己肌肤的书。知道答案的人皮肤当然会变漂亮！我衷心希望越来越多的女性朋友，能够看到这本书，学到属于自己的美肌术！

Contents 目录

CHAPTER 3 佐伯式春季型烦恼肌肤的美容术

CHAPTER 4 佐伯式夏季型烦恼肌肤的美容术

CHAPTER 5 佐伯式秋季型烦恼肌肤的美容术

CHAPTER 6 佐伯式冬季型烦恼肌肤的美容术

CHAPTER 7 通向美丽的捷径 佐伯式必须熟练掌握的绝对技巧

CHAPTER 8 美丽的最终章 你的目标是超越年龄的美人肌

我通过接触超过10万名女性肌肤的经验，终于得出如何判定肌肤类型的结论。

就是根据不同的肌肤烦恼分出4种类型。

如果知道自己属于哪种类型，就能看到通向漂亮肌肤的道路。

首先，通过选择测试来确诊属于你的肌肤烦恼吧！

CHAPTER 1

诊断你的肌肤烦恼

首先和你的肌肤面对面地交流

◉ 春季型烦恼肌肤：毛孔不平整，皮肤粗糙的"苦夏橙肌"

◉ 夏季型烦恼肌肤：毛孔粗大，容易长斑的"草莓肌"

◉ 秋季型烦恼肌肤：皮肤很薄，容易受伤的"温州橘肌"

◉ 冬季型烦恼肌肤：皮肤有点厚，化妆品容易残留的"葡萄柚肌"

Part1 拼命往脸上涂涂抹抹，皮肤却没有变漂亮

是不是自己一直坚信的护肤方式，阻碍了"变漂亮的能力"

我经常听到有女生抱怨说："虽然已经拼命护肤，皮肤却没有变漂亮。"

每次听到这种说法，我都觉得非常不可思议。为什么呢？因为当我更深入了解她们的肌肤烦恼时，那些女生肯定会回答说："因为我是某种类型的肌肤啊。"

一问才知道，大多数的女性，从意识到护肤这个概念开始，就将所谓的干性肌、油性肌、混合性肌、敏感性肌这种肌肤分类，作为一种常识来认知的。

一般来说，几乎所有的女生，都认为自己的皮肤一旦符合上述哪种肤质，就好像血型一样绝对不会改变。大家都深信，肤质如何都是天生注定的。而且，不知何故，很多女生还很固执地认为，不管到了几岁，不管是什么季节，不管自己身体状况如何，关于肤质的这个判别，都是不会发生改变的。一旦认定"我是 XX 性皮肤"之后，就会一直用同样的视角来挑选护肤品，一成不变地进行每天每月每年甚至一辈子的护肤工程。

<u>实际上，这个护肤常识是个很大的陷阱。我必须要再三提醒大家，</u>
<u>绝对不能忘记"皮肤是活的"这一基本原则。</u>

　　别说是考虑每个阶段你的饮食习惯、生活状态，就算是处在相同的生活方式、生活环境，我们的身体状态都是时时刻刻发生变化的。

　　皮肤也是一样。对于被称为"可视器官"的皮肤，这个倾向更明显。作为"皮肤的食粮"的护肤品，用什么，怎么用，都会令肤质发生很大变化。

　　而且，现代的生活方式以及生活环境异常复杂，皮肤也受到了极大影响。如此一来，仍旧采用过去区分肤质的方法，毫无意义。

　　皮肤的理想形态只有一种，那就是健康的肌肤。不管是哪种分类下的肤质，其实都应该将"健康肌肤"作为目标，但这种能力却被自己给封闭起来。

　　快停止那种一成不变的护肤吧。从现在开始要知道，一成不变是绝不可能变出漂亮的肌肤来的！

TIPS

　　不存在什么天生的肤质。一旦被定性成干性肌、油性肌、混合性肌、敏感性肌，还怎么能变漂亮呢？

Part2 已经根据不同肤质挑选护肤品了，也没看到任何效果

你的烦恼是干性肌、油性肌、混合性肌、敏感性肌中的任何一项吗

我一直在思考："难道没有让人更容易明白的，效果来得更快的肌肤区分方法吗？"在接触了无数女性朋友的肌肤后，我终于摸索到一条通向"健康肌肤"的全新诊断方法。

这种方法就是根据不同的肌肤烦恼进行判断的肌肤类型分类。如此一来，就能简单明了地判断出，为了接近健康肌肤状态而相对应的护肤方法。

请在心里描述自己的皮肤。以一年为单位，大致判断皮肤的状态，比如什么季节产生怎样的问题，有明显的倾向型吗。

举例说，感觉自己是皮脂分泌旺盛的类型，常常有粉刺以及毛孔过大的烦恼。尤其在炎热的夏天，会因为皮肤黏腻而苦恼，还有些人会因此长斑。

也有些人的皮肤比较薄，总是为了皮肤干燥、潮红以及小细纹苦恼。这类肤质一到秋天，问题会加剧，到入冬后，皮肤干燥、粗糙，硬邦邦等问题就变得更为严重。

像这样，试着与自己的肌肤认认真真地做个面对面的沟通，不管

是谁，都有典型的肌肤烦恼，以及这些问题在多发季节里的显著倾向。

因此，我将这4种类型肌肤烦恼与一年四季相对应，分成春季型烦恼肌肤、夏季型烦恼肌肤、秋季型烦恼肌肤和冬季型烦恼肌肤。比起之前的分类，这种分类更容易理解，也是一种更人性化的诊断方法。

将肌肤问题归咎于肤质，抱怨说"因为是XX类型肤质，所以才没办法"，然后进一步破坏肌肤平衡，使问题更为明显。这种做法，不客气地说真的是自找麻烦。

因此，为了能够正确地改善肤质，首先要明确知道肌肤倾向和原因，肌肤问题要防患于未然。如果知道自己属于哪种烦恼肌肤类型，自然而然就能知道肌肤真正想要的是哪种护肤方式，以及护肤品正确的选择和使用方法。先将这个"正解"坚持3个月，你的肌肤一定会发生彻底的改变！

检查你的肌肤吧

下面第23页、第24页、第25页、第26页的肌肤烦恼确认选项中，选择符合的项目。内容符合项最多的类型，就是你现在肌肤烦恼的问题。

如果采取和以前一样的护肤方法，皮肤是不会变漂亮的。

所以首先，和你的肌肤面对面交流一下吧。

在符合你肤质的项目上打钩。

请实际判断一下你的肌肤烦恼。

这四种类型包括那些看得到的皮肤问题，还有那些由不良生活习惯引发的SOS信号。

其中，春季型肌肤、夏季型肌肤可以归为 "皮脂系问题"，秋季型肌肤、冬季型肌肤则可以归为"干燥系问题"。而从问题严重性看，春季型肌肤和秋季型肌肤，它们的问题都是发生在肌肤表面的表皮层中，而夏季型肌肤和冬季型肌肤则发生在肌肤内部更深的真皮层中。要特别指出的是，春季型肌肤的问题若进一步恶化，就会变成夏季型肌肤；秋季型肌肤的问题若进一步恶化，就会变成冬季型肌肤。

 季型烦恼肌肤

毛孔不平整，皮肤粗糙的"苦夏橙肌"

☐ 额头、鼻翼、下颚等部位的毛孔非常醒目

☐ 很容易长青春痘和粉刺

☐ T区总是很容易出油

☐ 虽说是油性皮肤，但是部分皮肤仍旧干燥脱皮

☐ 有不规则的皱纹

☐ 皮肤透明感不足，不够水嫩

☐ 痘印很严重

☐ 觉得皮肤一到冬天状况就很好

☐ 每天都进行双重清洁

☐ 喜欢用卸妆油

☐ 比起"补"，更注重"清"的护肤

☐ 哪怕到了秋冬，护肤方式还是和春夏一样

☐ 没办法离开吸油纸

☐ 随着年纪慢慢变大，"皮肤油光满面却仍旧觉得干燥"越发明显

本页打钩最多的人，你的问题属于——
春季型烦恼肌肤！解决在 **P.40**

季型烦恼肌肤

毛孔粗大，
容易长斑的"草莓肌"

☐ 很容易脱妆

☐ 肌肤很容易出油

☐ 皮肤肌理很粗糙

☐ 毛孔粗大

☐ 眼部和唇部有很深的纹路

☐ T区总是冒油光

☐ 容易长顽固型皱纹

☐ 每天都进行双重清洁

☐ 洗脸喜欢用皂类洗脸产品

☐ 比起"补"，更注重"清"的护肤

☐ 哪怕到了秋冬，护肤方式还是和春夏一样

☐ 一碰到化妆水，皮肤就会有刺痛感

☐ 讨厌皮肤黏糊糊的，所以非常讨厌用护肤品

☐ 特别讨厌乳霜类护肤品

本页打钩最多的人，你的问题属于——
夏季型烦恼肌肤！解决在 P.66

 季型烦恼肌肤

皮肤很薄，
容易受伤的"温州橘肌"

☐ 化妆浮粉很严重

☐ 眼睛下面有细纹

☐ 皮肤很薄

☐ 两颊很容易呈现紫红色

☐ 脸颊经常出现潮红

☐ 从夏末开始皮肤变干燥

☐ 觉得自己是敏感肌肤

☐ 用化妆棉擦拭脸颊

☐ 经常进行脸部脱毛

☐ 喜欢挑选清爽型护肤品

☐ 比起补水，更重视补充油分

☐ 认为自己适合用油质护肤品进行护肤

☐ 在春夏很少进行保湿护理

☐ 喜欢桑拿和泡澡

本页打钩最多的人，你的问题属于——
秋季型烦恼肌肤！解决在 P.92

 季型烦恼肌肤

皮肤有点厚，
化妆品容易残留的 "葡萄柚肌"

- ☐ 化妆浮粉很严重
- ☐ 皮肤变得硬邦邦
- ☐ 肤色偏白
- ☐ 肌肤缺乏弹性
- ☐ 下颚周围肌肤很粗糙
- ☐ 皮肤一点也不水水软软的
- ☐ 皮肤缺乏光泽
- ☐ 认为自己在夏季皮肤状况好
- ☐ 比起补水，更重视补充油分
- ☐ 在春夏很少进行保湿护理
- ☐ 非常依赖健康食品和功能性饮料
- ☐ 挑选乳液仅限于油脂含量多的那种
- ☐ 觉得自己对护肤品的吸收不好
- ☐ 常常穿化学纤维质地的衣服

本页打钩最多的人，你的问题属于——
冬季型烦恼肌肤！解决在 **P.118**

你的肌肤烦恼到底是属于哪种类型：春季型、夏季型、秋季型，或冬季型？

正确地判断肌肤类型，就能自然而然地得出护肤的正确答案。

肌肤的问题绝不是天生的，而是多年来你虐待它的结果。

你抱着怎样的心情来面对肌肤，来触摸肌肤，肌肤细胞就会怎样生长。

因此，现在就是你改变意识的时候。

知道正确答案的话，只用3个月，肌肤就会给我们一个惊喜的转变。

CHAPTER 2

教你90天解决肌肤烦恼

可怕的肌肤烦恼恶性循环

- 【春天】未进行角质护理 → 【夏天】皮脂分泌旺盛问题
- 【夏天】未进行防御护理 → 【秋天】皮肤潮红问题
- 【秋天】未进行储存护理 → 【冬天】皮肤干燥问题
- 【冬天】未进行软化护理 → 【春天】毛孔粗大问题

Part1 皮肤用干性肌、油性肌、混合性肌、敏感性肌划分，是无法解决问题的

◎ 为什么要铁口直断自己的肤质呢

如果你问身边的女生"你的肤质是什么"，不管是谁都会很决断地回答你说："我是 XX 性肤质。"

如果你问她"你的肌肤烦恼是什么呢"，被问的人就会滔滔不绝地告诉你，这个也是问题，那个也是问题，却又没办法得出一个统一的答案。你要是再问她"你的皮肤水分充足吗""皮肤油脂分泌怎么样"，答案也是模棱两可的。从这里就可以看出，虽然大家对自己的肌肤状况一知半解，但只有关于肤质的问题，却能毫不犹豫地回答。

这究竟是怎么回事呢？我一直觉得很困惑。

一般来说，肤质可以分成代表健康肌肤的普通肌肤，以及干性肌、油性肌、混合性肌，而且不知从什么时候开始，还加上了一项敏感性肌。

这些肤质的普遍定义如下：干性肌就是水分和油分都缺少，为干燥而苦恼的肌肤；油性肌就是由于皮脂分泌旺盛，肌肤纹理粗糙，很容易长青春痘和粉刺的肌肤；混合性肌就是额头、鼻翼、下巴等 T 区部位油脂分泌旺盛，可是两颊、眼部、嘴巴周围仍旧很干燥的肌肤；还有一种敏感性肌则是指对刺激反应过激的脆弱性肌肤。

当然，我并不是说大家对肤质认知有错误。

只是，问题在于，从你意识到需要护肤开始，或者当你第一次为

自己挑选护肤品开始，就一直沿用这个分类，一直坚信这个分类。

但你是不是忘了一个很重要的事情，那就是肤质绝不是天生的。也就是说，你忘了"肌肤是有生命的"这个道理，肤质是时时都在变化着的。

我们的肌肤是有生命的。因此，随着年龄、季节、生活类型、环境、激素分泌以及身体状况的变化，肤质也会发生改变。这样你就能知道：一直坚信"我是 XX 性肤质"，是一件多么危险的事。

举个例子，虽然此时你的皮肤实际上是缺水，但你总误以为自己油脂分泌旺盛，就会选择完全不同类型的护肤品。这么一来就会加重"皮肤缺水"和"皮脂分泌旺盛"的双重问题，肌肤实际需求和给予护理两者的差距越大，你距离完美肌肤就会越来越远。再比方说，如果你不是敏感肌肤，却一直都过度保护的话，反而会引起肌肤问题，你的肌肤会真的慢慢地变敏感。

所以，如果凭借错误的认识来挑选护肤品护肤，任凭你怎样保养，你的皮肤都绝对不会变漂亮。首先，你必须解开这种肤质的"诅咒"。因此，通过肌肤问题进行简单方便的诊断，可以说是通向美丽肌肤的最短距离。

Part2 从下决心"想要变成这样子的肌肤"开始变漂亮

◎ 你有没有仔细照过镜子

之前我再三强调，迄今为止你一直坚信的肌肤分类会让你离美丽的肌肤越来越远。简单地说，如果不能正确了解你的肌肤，那么一切护肤都是盲目的，浪费时间精力，甚至会造成不可挽回的伤害。

大家都是打心眼里希望自己变漂亮，因此不少女生盲目相信一些很有诱惑力的广告宣传，或是一听到某某明星推荐某种产品，哪怕这个护肤品不适合自己，自己并不需要，也会毫不犹豫地出手，奋不顾身地用自己的皮肤做尝试。

让你远离美丽的罪魁祸首就是护肤品和自己！

自己的皮肤是什么状态、自己到底想要变成什么样子，连这些问题都没有明确答案的时候，就盲目挑选护肤品，以为用贵的或是大家推荐的产品、方法，就能打造出完美肌肤，难道不是痴人说梦吗？

对于这些女性朋友，我最想问她们的就是"你有没有仔细照过镜子"。

当然，大家都会异口同声地回答"我每天都照镜子"。的确，每天早晚，还有在公司休息的时间，都有很多机会站在镜子前面。而且我发现比起以前，现在有更多女性朋友会带着镜子出门，随时整理仪容。

但是，大家从镜子里看到的只是眼部和唇部、脸部彩妆、发型等。

实际上，无意识地照镜子，看到的仅仅只是表面的事物。当然了，检查仪容仪表也是很重要的事情，但是为了能变漂亮，我强烈希望大家要提高自己的观察意识，改变自己的观点。

照镜子时，应该时时提醒自己观察"肌肤是否健康"，并且进一步思考，像是"脸部是否有瘙痒感""脸部肌肉是否下垂""两颊是否有血色""皮肤是否有光泽"等等。

同时，一边照镜子一边摸着自己的脸，确认皮肤触感也是非常重要的。每天这样子，坚持用正确的方式照镜子，你才能感知到自己肌肤真实的样子，察觉出肌肤在这一分一秒时的状况。

我所推荐的肌肤诊断，第一步就是要学会照镜子，通过提出"我的肌肤问题到底是什么""这些问题是什么时候、怎么发现的"之类的问题，这样才能正确了解自己肌肤的基本状况，也才能自然而然地知道正确的护肤方法了。

那么，让我们从今天开始仔细照镜子吧。把镜子里自己皮肤的烦恼描述给自己听。

Part3　如果放任不管，肌肤问题会随着季节恶化

◎ 不同季节产生的问题：色斑会引起恶性循环

养成仔细照镜子的习惯，正确观察每天的肌肤状况后，请试着画出它的变化曲线。回想一下，每当季节变更时，你的肌肤状况和问题有没有明显的变化倾向。试着以一年为单位大致找一下，就能发现你的肌肤发生了怎样的变化。

这样，你就能很清楚地知道自己的皮肤到底属于 Chapter1 介绍的四个类型中的哪一种。而且，你会意识到"春季型烦恼肌肤"一到春天问题倾向会很明显，"夏季型烦恼肌肤"一到夏天问题倾向会很明显，"秋季型烦恼肌肤"一到秋天问题倾向会很明显，"冬季型烦恼肌肤"一到冬天问题倾向会很明显。

但是，请不要误解，我并不是把不同肌肤引起的不同现象说成"由于是肤质造成的无法解决的烦恼"。**首先要明确的是，我们的最终理想就是得到全年正常的，稳定的肌肤。因此，大家必须清楚地意识到一个事实，就是如果对这些现象放任不管，肌肤就会随着季节变化发生恶化。不采取任何措施的话，肌肤就会慢慢地崩溃。问题倾向只会变得更严重，甚至有可能会让你的肌肤提前老化！**

下面，我按照四季更替的情况，简明扼要地说明一下"肌肤在不同季节究竟处在什么样的状况中"的问题。

春天是经过漫长的寒冬后，新树发芽的季节。随着天气变暖，在冬

天进入防御状态,变得硬邦邦的肌肤,也开始得到舒缓,最终开始"蜕皮"。

夏天是春天发出的新芽变得郁郁葱葱的季节,因此阳光雨露这些自然的恩惠也会特别充足。这种强大的能量,就会让肌肤形成保护自己的防御力。

秋天,是在夏季受到充足阳光照射的树木开始变成紫红色,增添魅力的季节。同时,树木从那时起开始为迎接冬天的到来,将根部深深地扎入土里。这时人们也会穿稍厚的衣服来保护身体。

肌肤也跟自然界的万物一样,受到季节变化的影响。到了春天开始苏醒,到了夏天开始储存能量,到了秋天开始为过冬做准备,到了冬天开始多穿一点……如此这般地进行更替。**因此,在春天,如果在上个冬天堆积的角质没法褪掉的话,到了夏天就会由于皮脂分泌旺盛引起皮肤黏腻以及顽固色斑等问题。在夏天,如果没有在储存能量的同时做好全面防御的话,秋天就会引起潮红、皮肤发热等问题。在秋天,如果没开始为过冬储存能量,让皮肤多穿几层角质的话,一到冬天就会引起严重干燥和皮肤硬邦邦等问题。在冬天,如果没有尽可能地让在冬天变厚的皮肤变软变薄的话,一到春天就会引起粉刺和毛孔粗大等问题。**

这些问题如果就这样放任不管,肌肤就会陷入随着季节更替一步一步恶化的恶性循环中,现在就是和这些问题一刀两断的时候了。

可怕的肌肤烦恼恶性循环

【春天】未进行角质护理 →【夏天】皮脂分泌旺盛问题

【夏天】未进行防御护理 →【秋天】皮肤潮红问题

【秋天】未进行储存护理 →【冬天】皮肤干燥问题

【冬天】未进行软化护理 →【春天】毛孔粗大问题

Part4 这就是你一直重复错误护肤的结果

◎ 固执让你错失变漂亮的机会

那些脑海里一直认为自己是敏感性肌肤的人，会根深蒂固地认定"自己的皮肤不适合普通护肤品"，便会一直使用敏感肌专用护肤品进行护肤。而专为敏感肌肤打造的护肤品，是为了尽量避免刺激而生产的，对于能够使用的有效成分以及投入方案的项目都会有很多限制，如此一来，对真正的敏感肌肤来说是很有效果的。但是，对那些本来就有抵抗能力却自以为是敏感肌肤的人来说，只能起到可有可无的效果。

特意选了让肌肤变漂亮的护肤品，但由于认知错误做出不正确的选择，结果反而错失了变漂亮的机会。

还有那些自认是油性皮肤的人，一直对去油产品感兴趣的话，又会怎样呢？实际上你的肌肤由于缺水，一直发出"需要补充更多水分"的 SOS，不停拼命分泌油脂，但你却一个劲地去油，结果皮肤变得越来越干渴，缺水的状况越来越严重。如果持续这样误解肌肤需求，一直掠夺肌肤水分的话，那就糟糕了。肌肤最后就剩下少量的水分，为了能够保持水油平衡，只有分泌更多的油脂。

过去的肤质分类法之所以不能让肌肤变漂亮的原因就在于此。自己随随便便地确定自己的肤质，坚持的也是让肌肤的弱点更加突出的护肤方法。坚持做这些无用功，不是非常危险的事情吗！

另一方面，对季节有所误解，也会让肌肤离变得漂亮越来越远。

比方说，倾向于皮脂分泌过多的春季型和夏季型皮肤的人，就会认为自己"秋冬也不会觉得干燥，所以皮肤状态还是不错"。相反的，皮肤容易干燥的秋季型和冬季型皮肤的人，就会认为"春夏皮肤也不会感到黏腻，所以自己皮肤状态还不错"。

这当然也是十分错误的认识。请回忆一下前面说的"肌肤随着季节更替恶性循环，变得越来越糟糕"的原理。套用这个法则，**春夏的皮脂问题，在秋冬季节，是可以通过正确护理缓解的；另一方面，秋冬的干燥问题，是能够通过春夏时的护肤来预防的。**但是，由于误以为皮肤状态很好，对必要的护理也马马虎虎，这样一来，不管到什么时候，都无法逃离在同一时期出现同一问题的困境。

持续这种错误护肤认识和方法，肌肤问题只会越来越严重，最终造成不可挽回的局面。**对于那种"容易感到干燥的肌肤"，相对而言，可以比较简单地就能够恢复到健康肌肤状态。但是，如果演变为"顽固干燥的肌肤"，那么即使很勤快地护肤，虽然也能恢复到健康肌肤，但要花费很多的时间。如果情况进一步恶化，你的脸上就会刻上深深的皱纹，那时想要恢复健康肌肤，就难上加难了。**

这些烦恼不是由护肤品造成的，也不是别人造成的。承认吧，肌肤发生的问题，都是你自己造成的。

肌肤是有生命的。爱护它，信任它，90天就能脱胎换骨

◎ 不管是什么状况，不管是几岁肌肤，都需要保养，我的一贯看法就是"肌肤是要养的"

不管肌肤是怎样的状态，也不管是什么年龄，比起今天，明天的皮肤也是有可能变得更漂亮的。为什么这么说呢，我自己就亲身验证了这句话。

我在 42 岁的时候痛失了爱人。那之后的很长一段时间，别说是美容了，我连睡觉吃饭，都没有精力去想，每天以泪洗面。一年后，我的一个朋友来看我，对我说了下面这段话：

"你每天就是以泪洗面过日子么，快看看你自己的脸！"

对着镜子，眼前的我，面容苍老得像是老妪，眼皮红肿，眼角布满皱纹，脸部细微处长满不规则皱纹，脸颊也开始下垂……我恍然想起自己竟有一年时间没好好照过镜子了。

"相信你的爱人也不会希望看到你这个样子的。"朋友的一句话终于让我重新变回自己，面对当时糟糕透顶的肌肤，我决心从零开始重新保养。

我告诉自己的肌肤："对不起，曾对你自暴自弃。从今天开始我会好好照顾你，努力让你变漂亮的。"从那一刻起，我开始认真地洗脸和涂抹化妆水。长时间放任不管的肌肤，一开始并没有听从我的话。但我丝毫不气馁，也不放弃希望，每天只是踏踏实实地护肤。

90 天后，肌肤开始缓过来了，我又看到了变漂亮的希望。慢慢地，

我的皮肤从"干货",变成了"生鱼"。原本是"木棉豆腐"的皮肤也开始变成了"绢豆腐"。眼皮的肿胀、细纹、色斑、皱纹以及肌肤下垂通通都消失了。大概一年后,我的肌肤又重新焕发出光泽来。

爱护它,信任它,结果肌肤正如我所想的,变漂亮了!

从那以后,我每次都先确认肌肤的心情,把我的想法传达给它,然后再进行护肤。如果肌肤出现色斑或是变暗沉,就绝不能说是健康的肌肤。我们要打造一个不管季节环境怎么变化,都不会被左右的肌肤。重要的是我们要常常倾听自己身体和内心的声音,用正确的方法来打理肌肤,不仅仅是护肤,从饮食到睡眠,甚至包括衣着以及想法,自己都要多多留意。

不用说,这次我提出的肌肤诊断中的四种类型,不管哪一种都不能算是健康的肌肤。这些都是你自己造成的不健康肌肤。因此我在这里告诉大家,今天你的肌肤绝对不是原本应该有的肌肤。你的健康肌肤隐藏在这个面具的深处。

为了打造健康的肌肤,请你勇敢地迈出第一步。首先从坚持 90 天的对症护肤开始,我自己就是如此。爱护它,信任它,你的肌肤肯定会给你回应的!

初春一到，春季型烦恼肌肤多会出现皮肤黏腻、青春痘、粉刺、毛孔粗糙等烦恼。

这些都是由皮脂问题引起的。

所以，我们要防患于未然。

在这里，我会从护肤的正确答案到每个季节护肤注意要点，一次全部告诉你！

CHAPTER 3

佐伯式
春季型烦恼肌肤的美容术

再一次确认你的肌肤状态

◎ 额头、鼻翼、下颚等部位的毛孔非常醒目

◎ 很容易长青春痘和粉刺

◎ T区总是很容易出油

◎ 虽说是油性皮肤，但是部分皮肤仍旧干燥脱皮

◎ 有不规则的皱纹

◎ 皮肤透明感不足，不够水嫩

◎ 痘印严重

◎ 随着年纪一年年变大，皱纹也越来越多

Part1 审视你一直以来的护肤方法
解释说明肌肤烦恼的原因

◎ 每天你都过度清洁了吗？这些习惯导致你的肌肤烦恼

审视一下你的护肤习惯、生活习惯吧

- 一整年，都没办法离开吸油纸

- 喜欢双重洁面。洗脸时，喜欢吭哧吭哧地用力洗

- 如果不频繁使用磨砂膏洁面，就觉得皮肤开始变得糟糕

- 哪怕到了秋冬，护肤产品还是和春夏一样

- 皮肤冒油光，却仍旧感觉干，随着年龄增长，这个问题越来越严重，最后选择了清爽型护肤品

- 比起"补"，更注重"清"的护理

- 自己觉得比起其他季节，冬天的皮肤状态最好，因此护肤也就马马虎虎了

- 常常喝冷饮

- 比起喝水，更常喝果汁、饮料等

皮脂系问题：青春痘、粉刺、毛孔粗大

常常遇到皮脂系问题，并伴有青春痘、粉刺、毛孔粗大的肌肤，这就是典型的"春季型烦恼肌肤"。特别到了春天，这些倾向就变得非常明显。

在冬天时，为了抵抗寒冷，肌肤角质层会不停堆积，皮肤表面也会变得硬硬的。春天一到，随着外界气温开始变暖，体温也会随之升高，肌肤会自然而然地从冬天状态过渡到春天状态，就会开始"蜕皮"变柔软。但是，由于皮肤缺水，春季型烦恼肌肤没办法顺利进行"蜕皮"。如此一来，就会引起皮脂堆积，造成皮肤发黏、青春痘、粉刺、毛孔粗大等问题，而且还会让肌肤暗淡无光。

过度清洁是问题的根本原因

皮脂就是肌肤发出的 SOS。虽然如此，但是春季型烦恼肌肤就是特别讨厌皮脂，常常容易犯过度清洁这种错误，像是一天中反复洗脸，或者采取用卸妆油、洗面皂双重洁面，或者频繁使用磨砂产品进行清洁等不当护肤。而且，春季型烦恼肌肤的人，还特别喜欢随身携带吸油纸，有事没事就用它吸油，这种做法当然也是错误的。

要知道，过度清洁会造成皮肤水油不平衡的恶果，最终导致肌肤僵硬、毛孔堵塞。而且会让肌肤开始长小疙瘩，整张脸暗淡无光，很难上妆。所以，趁现在情况还没发展到不可挽回的地步，赶快醒悟，开始进行正确的护肤吧！

确认肌肤烦恼的状况

◎ 初春时，青春痘、粉刺、毛孔粗大很让人烦恼

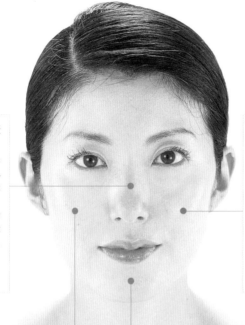

非常介意皮肤表面的黏腻感

T区油光和黏腻感很严重，肌肤很容易脱妆。由于皮肤缺水造成皮脂油脂分泌旺盛，有时会形成T区皮脂过多，眼唇周围、脸颊干燥的混合性肌肤。

长青春痘、粉刺

和全脸长的青春期痘痘不同，20岁以后的青春痘和粉刺多发于下巴和两颊，而且多是白色、黑色、红色的痘痘，很多时候都是反复长在同一部位。

易发色素沉着问题

易发青春痘和粉刺，哪怕痘痘好了后也容易留下痘印。而且，还很容易形成色斑。由于护肤品仅停留在代谢不良的肌肤表面，因此需要加强促进代谢的护理。

肌理粗糙，皮肤暗淡无光

肌理粗糙，没有光泽，皮肤缺乏透明感。有时候皮肤会发黄、发黑。废旧角质堆积在肌肤表面，角质变厚，肌肤开始变得硬邦邦的。而且，肌肤纹理不清晰，皮肤缺乏光泽和透明感。

额头、鼻翼、下巴的毛孔很明显

由于过度清洁、擦拭，角质开始变硬，破坏了肌肤的平衡屏蔽功能。有的毛孔发生堵塞，有的毛孔张开，让毛孔越发明显。而且由于皮肤缺水，皮脂分泌过度，破坏了肌肤的水油平衡，还会让皮肤变黑。

Part3 通过显微镜检查肌肤状态

缺水和代谢不良是问题的原因

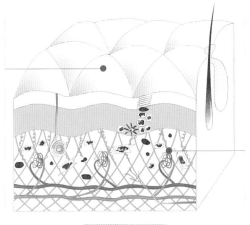

代谢缓慢，皮肤表面开始变厚

由于皮肤缺水，废旧角质无法顺利代谢，而在肌肤表面不停堆积。这样很有可能造成皮脂分泌旺盛，形成青春痘和粉刺。采用化妆棉擦拭化妆水搭配磨砂护理的方法，能够加强皮肤代谢。

表皮层、真皮层都缺水

皮肤缺水是由于皮脂分泌过多所导致的。很多女性都特别热衷于控油。其实，皮脂分泌是为了保护肌肤水分不被夺走的一种保护行为，此时应当通过用化妆水等护肤品，给肌肤从表面向深层地补给水分。

〔佐伯肌肤诊断教室〕预测你未来的肌肤老化→白色青春痘

- 白色青春痘
- 小疙瘩
- 眼睛、嘴巴周围有很深的纹路
- 严重色斑
- 肌肤角质层厚
- 肌肤松弛

人们很容易误以为"痘痘肌肤＝年轻肌肤"，其实这个认知是不正确的。水油平衡遭到破坏后的肌肤，即使年纪增加，还是会一直长青春痘和粉刺。如果放任不管，或者精神紧张、内分泌失调、生活习惯以及新陈代谢紊乱等原因，都会造成白色青春痘反复出现。而且，青春痘和粉刺反复出现的话，还会引起肌肤代谢紊乱，皮肤治愈能力也会变弱。因此即使这次痘痘治愈了，痘印仍会引起色素沉着，甚至形成顽固性色斑。由于错误地认为自己皮脂分泌旺盛，因此一直都不重视补水工作的话，随着年龄的增加，眼唇周围，以及皮肤较薄的部位就会长出很深的皱纹。与此同时，废旧角质不停地堆积，皮肤开始变厚变硬，还很容易变得松弛。

春季型烦恼肌肤的倾向和对策

◎ 不要过度清洁，改善肌肤缺水缺油

就算认真洗脸，皮肤仍旧满面油光，发黏还会长痘痘……春季型烦恼肌肤最大的问题根源，就是对于"清"的护理太过重视，也就是说清洁过度了。

将有关皮脂的问题都当成油脂问题来处理，这种方法从一开始就是错误的。卸妆时偏爱选择卸妆油，就是因为大家都误以为"卸妆油可以充分卸去油污"。但是，如果你往整张脸都抹上卸妆油的话，你的皮肤肯定变得油光满面，黏黏糊糊的。然后你肯定会犯下面的错误：为了能把油光满面、黏黏糊糊的脸洗干净，你之后还要用强清洁力的洗面奶进行双重清洁。其实这种双重清洁只会造成过度擦拭肌肤的后果。特别对眼唇周围这些脆弱部位造成负担，容易形成皱纹和色斑。

由于每天重复这种高强度洁面模式，最后就引起青春痘、粉刺、毛孔粗大、皮肤长小疙瘩或者凹凸不平等问题。

然后，为了解决皮肤凹凸不平的问题，接着还会犯下面的错误：本来一周一次就足矣的磨砂洁面开始变得频繁了。而且，由于下意识里希望肌肤表面能变得光滑，清洁时就会更用力了。

如果只注意进行这种"清"的护理，就会破坏肌肤的水油平衡，反而助长问题滋生。

重新审视"清"的护理，用化妆水给肌肤深层补水

春季型烦恼肌肤首先要做的就是重新审视自己固有的洗脸和卸妆方式。要注意选择那些能够在温柔去除污垢的同时，还能保持肌肤水润的洗面奶和卸妆产品。

最重要的是，像眼唇等脆弱部位，要事先用眼唇专用卸妆产品，仔细地卸除彩妆油污。这样一来不仅做到不给眼唇肌肤增加负担，还能防止过度摩擦眼唇以外的肌肤部位。

另一方面，对春季型烦恼肌肤来说，让肌肤肌理排列整齐，生成健康细胞的护肤也非常重要。**这里，我要介绍给大家"一周一次的磨砂去角质"美容法。去角质时，可以将磨砂产品和洗面奶混合后打出泡沫，再用这个混合物进行清洁，这样这些泡沫会在肌肤表面形成一个缓冲层，可以达到尽可能轻柔去除角质的效果。**

还有，不仅仅是清油脂的护理很重要，补水护理也同样非常重要。

因此你必须每天早晚做化妆水面膜。水分如果能够直达肌肤深层，肌肤就能做到水油平衡，皮肤就能接近正常状态。另外，这种护理方式，还可以使接下来使用的护肤品达到120%吸收的神奇效果。

早

春季型烦恼肌肤基本的护肤对策

◎ 收缩毛孔，避免皮肤发黏

春季型烦恼肌肤在早上的护理，就应当是从轻柔的洁面开始。如果昨天晚上的护肤品营养已经完全被吸收掉的话，早上哪怕只用清水洗洗就可以了。如果需要使用洗面奶,我推荐使用那些对肌肤刺激小的,啫喱状或者摩丝状的洁面产品，千万不要使用那些会过度去油的洁面产品。

我主张不管是哪种肌肤，正确护肤的共通点就是必须使用化妆水来进行调理。化妆水能够将水分送达肌肤深层,打开护肤品的吸收通道,这样不仅能提高后续护肤品的效果，还能收缩毛孔，让肌理排列整齐。如果你在早上做个简单的化妆水面膜，还能起到防止脱妆的效果。

另一方面，使用化妆水或者精华液等产品，既能很好地补水又能美白。这是因为以美白为目的的护肤品,不仅具有美白效果，还能起到收缩毛孔的效果。

而且，对于那些讨厌肌肤黏糊糊的女生来说，我推荐使用那些既能给肌肤提供充分水分和营养，用起来又很清爽的护肤品。如果觉得霜质产品太厚重的话，用乳液也是 OK 的。

对于底妆来说，如果是年轻肌肤，可以选择粉饼。但是 35 岁以后的成熟肌肤，最好是选择具有保湿效果的粉底液。

早 基本的护肤对策

步骤	类型	目的
洁面	清水洗	选择不会夺走肌肤水分的温水进行清洁。为了不对肌肤造成负担，清洁重点就是双手要以横向打圈的方式，从中间向两侧洁面。注意如果用手上上下下用力摩擦的话，会引起皮肤松弛和皱纹。
化妆水面膜	美白	比起单纯地用手或化妆棉擦拭化妆水，化妆水面膜能够取得数倍于它们的效果。春季型烦恼肌肤最适合用美白型化妆水。如果再加上冷敷的话，还能加倍收缩毛孔呢。
精华液	美白	由于易出现痘印、毛孔粗大、肌肤暗淡无光等问题，你需要使用那些能够直达肌肤基底层的美白型精华液。美白型精华液也同样具有收缩毛孔的效果。
乳液·乳霜	按照目的区分	像是皮肤松弛、皱纹、色斑等现象，要根据自己最在意的肌肤问题挑选乳液。防止肌肤发黏的重点就是将乳液先在手掌中全部抹开。你可以选择清爽型的乳霜，也可以选择乳液。
粉底+防晒霜	小于33岁适用粉饼 大于34岁适用粉底液	如果因为讨厌肌肤黏黏的，就不用防晒霜的话，这绝对是不可饶恕的错误。容易长青春痘和粉刺的皮肤是很容易晒伤的，因此有必要特别注意防晒。如果觉得粉饼让皮肤更干的话，就必须选择粉底液。

● 40 岁之后追加的项目

| 眼霜 | | 卸妆会增加眼部周围肌肤的负担，对很容易因此形成皱纹和色斑的春季型烦恼肌肤而言，必须使用眼霜。使用眼霜的方法，是上眼皮要从眼角开始，沿着外眼角轻轻地涂抹到太阳穴为止。 |

晚

春季型烦恼肌肤基本的护肤对策

◎ 使皮肤镇静，注意加强夜间修复

春季型烦恼肌肤的夜间护理，最大重点就是保持皮肤水润的清洁。所以，从现在开始，请立刻停止使用那些加速让皮肤发黏的，让你清洁过度的卸妆油吧。**这里我推荐你使用那些不会过度去除皮脂的卸妆霜。**

春季型烦恼肌肤的人早晚都必须使用化妆水面膜。晚上的化妆水面膜可以深层补水，让在白天受到伤害的皮肤得以镇静，还能使后续护肤品的效果得以充分发挥，帮助提高肌肤的修复能力。早上的化妆水面膜则可以使那些发热的肌肤得以镇静，让脆弱肌肤从深层开始得到激活，还能打开后续护肤品的吸收通道，提高肌肤吸收能力。

与此同时，不管早上还是晚上，都要用精华液等护肤品进行美白护理。因为春季型烦恼肌肤还容易有肤色问题的烦恼，像是青春痘或者粉刺等留下的痘印，或者肌肤开始暗淡无光，甚至开始长斑等。请认真地进行美白护理，目标就是代谢良好、透明感十足的肌肤。

最后，我推荐朋友们晚上尽可能地根据自己的肌肤问题来挑选乳液。如果因为自己讨厌肌肤发黏，不做补水的护理，那么皮肤就会慢慢失去生命力。而40岁之后的女性皮肤，还要特别加上眼部和颈部这些特殊部位的护理。

# 晚 基本的护肤对策

步骤	类型	目的
洁面	乳液类	要避免使用那些会助长肌肤问题的卸妆油，选择那些能够保护肌肤水润的卸妆乳。用手温热后，将产品抹在脸上的五个位置，为了不给肌肤造成负担，要轻轻地涂抹开，然后用被水浸湿的化妆棉将卸妆乳擦干净。
化妆水面膜	美白	和早上一样，对那些容易缺水的春季型烦恼肌肤来说，要使用美白化妆水做面膜。如果能让肌肤得到镇静和激活，就能使后续护肤品的效果加倍。
精华液	美白	春季型烦恼肌肤很容易出现痘印、毛孔粗大、肌肤暗淡无光、色斑等问题，因此我推荐大家在夜间修复时也使用美白精华液。这样才能够预防那些肌肤问题，防患于未然。
乳液·乳霜	按照目的区分	根据自己最在意的肌肤问题（皮肤松弛、皱纹、色斑等）进行选择。夜间为了提高肌肤修复能力，可以使用乳霜。乳霜抹开后，用手掌包住全脸，使乳液渗透到肌肤深层。

● 40 岁之后追加的项目

眼部护理 颈部护理	
	40 岁以后容易有肌肤松弛、皱纹等问题。对于最容易暴露年龄的眼部和脖子有必要使用专业护肤品进行护理。对颈部肌肤来说，一边按摩，一边涂抹颈霜，是打造无龄美肌的重点。

早

120%地发挥护肤品能力
化妆水面膜对策

对春季型烦恼肌肤来说，青春痘、粉刺、毛孔粗大、色斑……造成这些由于油脂而导致的各种肌肤问题，罪魁祸首就是缺水。预防缺水问题的最简单办法，就是每天早上做一次化妆水面膜。大张化妆棉、清水、化妆水，做一次化妆水面膜仅需要 3 分钟！谁都能轻松掌握这个护肤法。不要怕麻烦，请试着每天坚持，3 个月后就能看到肌肤的变化！

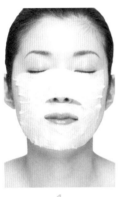

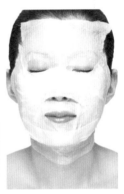

1
将大张化妆棉撕开，从脸的下半部分开始往上贴

将化妆棉用水浸湿，挤掉水分后，将化妆水倒满整张化妆棉。将整张化妆棉撕开成五张，将其中一张横向拉长，在鼻子和嘴巴部位留一个洞，从脸的下半部开始往上贴。

2
牢牢地紧贴皮肤，不要留空隙

其中两张叠在一起，在眼睛部位开个洞，贴在整张脸上。然后再用两张化妆棉贴在左右脸颊上，最后一张化妆棉贴在额头上，让化妆棉紧贴肌肤。

3
就这么静置 3 分钟，直到化妆水浸透到肌肤深层

将化妆棉贴满整张脸后用手掌轻轻按压面膜。静置 3 分钟后，从上往下地揭去面膜。如果在化妆棉上面再敷上保鲜膜的话，就能够使化妆水直达肌肤更深层。

·详细方法参见 P156

晚

重点部位彩妆的卸妆对策

如果不先将眼妆、口红等重点部位的彩妆去除，直接就这么马虎地卸妆的话，容易引起色素沉着的问题。还有，如果不先卸除眼妆和口红，还会过度拉扯到脸部肌肤。所以建议大家在全脸卸妆前，先卸除眼唇部位的彩妆。特别是含有珠光和亮粉的化妆品，很容易附在肌肤上，因此要特别注意轻柔地、认真地卸妆。

1	2	3	4
将化妆棉贴在下眼睑上	**将眼妆移到化妆棉上**	**睫毛膏也要用棉签仔细卸除**	**将化妆棉顺着眼角的方向从眼尾移除**

将化妆棉稍稍打湿后倒入眼唇专用卸妆液，再撕成五张。其中一张折叠成三角形，沿着下眼睑贴在眼部。

还有一张化妆棉用另一只手夹住，将上眼皮的彩妆贴到化妆棉上。再换两张化妆棉，用同样的方法卸除另一只眼的彩妆。

将最后一张化妆棉贴在下眼睑上，用浸透了眼唇卸妆液的棉签，轻柔地将睫毛膏擦拭到化妆棉上。还要卸除眉毛上的彩妆。

使用棉棒卸除彩妆后，用一只手按住太阳穴，另一只手从眼尾顺着眼角方向，去除污垢的同时，取下化妆棉。左右两边都是同样的操作。

特别注意：40 岁的女性要清洁眼睛，能让你的目光电力十足

40 岁以上女性的眼睛里面也要进行清洁，这样子才能让眼神电力十足。眼影睫毛膏意外地掉入眼睛里，眼睛会变得脏兮兮的。如果放任不管，眼白部位就会充血，眼神就会变得模糊糊。卸妆后，使用和眼泪成分一样的眼药水，可以使眼睛里面也变干净。清洁眼睛的诀窍就是让眼药水顺着眼尾朝眼角方向流出去。

Part6 每周一次的护肤 90天变美丽的美容术

◎ 淡化色斑，改善皮肤暗沉 磨砂 & 美白面膜

为了能让春季型烦恼肌肤接近理想肌肤状态，希望大家增加两种"每周一次"的特殊护理，也就是磨砂护理和美白面膜护理。

首先是磨砂护理。各种类型的肌肤，都是由于无法顺利褪去角质才引起不同问题的。为了能够促进角质代谢，产生新细胞，我们有必要去除肌肤表面的废旧角质。这样就能缓解肌肤变硬的问题，毛孔也会紧紧地收缩。还有我再次强调，关于皮脂系的问题，不是要去除皮脂而是必须给皮肤补充充足的水分。因此，虽然每日的化妆水面膜都在发挥作用，但磨砂护理还是必需的，可以让化妆水面膜的效果发挥得更好。

接下来就是美白面膜护理。容易长青春痘、粉刺的春季型烦恼肌肤，年龄增长后也常常容易出现色素沉着等肤色问题。为防患于未然，**膏状美白面膜能将本来应该剥离的色素吸收后排出体外，这是种很有效的特殊护理产品。**

我推荐在磨砂清洁后使用膏状的美白面膜，能够让美白事半功倍。

请选择磨砂颗粒小的磨砂膏

为了不给敏感肌肤增添负担，尽可能选择磨砂颗粒小的磨砂膏。最近，几乎所有的产品都将磨砂颗粒切割成圆形，生产厂家在原材料选择上也是挑选那些具有弹性、触感柔软的原料。现在开始寻找最适合自己肌肤的磨砂膏吧。

磨砂&美白面膜

磨砂洁面

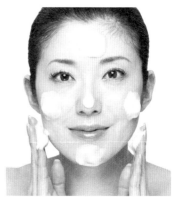

1 将磨砂膏加入打出泡沫的洗面奶中

首先，取一粒珍珠大小的洗面奶放入手中，搓揉至充分起泡。然后加入同等分量磨砂膏后，充分进行混合。洗面奶泡沫具有缓冲作用，这样使用磨砂膏做清洁，对肌肤更温和，不刺激。

2 涂抹在脸上后轻柔地按摩

将洗面奶混合磨砂膏的泡沫抹在额头、两颊、鼻子、下巴五个地方后，用整个手掌轻轻抹开。用指腹按摩，特别注意鼻翼、嘴角两侧以及眼角等容易长皱纹的部位。

美白面膜

1 用化妆水面膜调整肌肤

根据 P156 的要领使用化妆水面膜。通过充分补水，在镇静肌肤的同时，还能让肌肤角质排列整齐。这样可以让后续的美白面膜作用直达基底层，让美白效果事半功倍。

2 选择膏状美白面膜

和仅仅在肌肤表面发挥作用的磨砂护理不同，膏状面膜是从肌肤深处开始找到问题根源后，再将其推到肌肤表层，通过膏状面膜可以促进角质代谢。涂抹时，要避开眼唇周围，均匀地抹在整张脸上。3 分钟后再用温水洗净。

Part7 季节护肤　春夏是保守式护肤，秋冬是决战式护肤

春季到夏季"不要随随便便出手"

春季型烦恼肌肤，很容易出现像是青春痘、粉刺、毛孔粗大等让人一目了然的问题，所以这种肌肤类型的人，通常会急于知道"现在应该做些什么，怎样解决近在眼前的燃眉之急"，然后采取紧急护理。也就是在这种时候，因为急欲治疗痘痘，清理、收缩毛孔，就会冲动地购买各种各样的，号称能够立竿见影的护肤品。

遗憾的是，这样头痛医头，脚痛医脚的做法，却因为给肌肤补充了并不需要的营养，反倒让肌肤营养过剩，不仅烦恼没有得到解决，问题反倒变得越来越严重了。但是，很多女性却把问题没有得到改善的责任，转嫁到"护肤品不合适"这样的借口上。

根据多年的护肤经验，我所要提供给春季型烦恼肌肤人的建议，就是从春季到夏季应当采取保守式的护肤方式，从秋季到冬季则应当采取决战式的护肤方式。

秋季到冬季应当针对脱皮进行补水

秋季到冬季如果还是继续过度清洁地护肤，那么，原本皮脂腺丰富、T区冒油光、两颊等其他部位干燥的这种"混合型肌肤"倾向会变得更为明显。随着年纪增大，这种肌肤差异也会越来越明显，皮肤水油平衡渐渐被打破。毛孔张开，角质慢慢变厚变硬。这种状况也可以说成是污垢堆积。

如果就这样等来春天，原本在秋冬销声匿迹的问题又死灰复燃，

而且同样的问题还会周而复始。面对这种棘手的恶性循环，大家必须明白一个事实，那就是只有健康角质才能正常进行代谢，所以护肤中不仅仅需要补水，乳霜的锁水也是必需的。而能决定胜负的关键，就是秋冬时就要做好充分的肌肤补水锁水护理准备。

〔佐伯肌肤诊断教室〕

长斑了！色斑变深了？
三重祛斑面膜对策

春季型烦恼肌肤的人，每天早晚都要认真地用美白化妆水敷脸。持续 3 个月后你仔细观察，就发现色斑反倒变明显了。先别着急，这是因为周围肤色开始出现透明感，相对的，那些黑色素失去控制的色斑部位就变明显了。这种时候，只有下面所介绍的三重祛斑面膜才能发挥最关键的作用了！坚持使用这个祛斑面膜，相信白皙的美人肌肤就在眼前了。

1

将浸透化妆水的化妆棉敷在色斑部位

化妆水敷脸后，将用水浸湿后的化妆棉稍稍挤干后，再用化妆水浸透，敷在色斑部位，保持 3 分钟。

2

色斑部位敷上膏状美白面膜

色斑部位厚厚地敷上一层膏状美白面膜，然后在面膜上覆一层保鲜膜，等 5 ~ 30 分钟后，再用化妆水浸湿后的化妆棉擦拭干净。

3

抹上美白精华液后用化妆棉二次敷脸

在色斑部位抹上美白精华液后，再覆上一张化妆棉。之后在面膜上盖一层保鲜膜，等待 3 分钟，让美白成分直达肌肤深处。

Part8 特别护理 20岁的青春痘，30岁的毛孔，40岁的皮肤松弛的对策

◎ 肌肤已经老化的春季型烦恼肌肤，用"肌肤断食法"复原

20岁的青春痘几乎都是由于护肤方式错误，或者健康管理不当所造成的，最有可能的因素就是饮食不当。先不说营养摄入不足，光是那些诸如"不想变胖"或者"不喜欢吃"等令人咂舌的挑食理由，就常常会造成很多女性朋友饮食不健康。不仅如此，人们还很钟情薯片、蜜饯、雪糕等等那些毫无营养的垃圾食品。如果不停止这种食物摄取的不良偏颇，肌肤问题是没办法解决的。

30岁的毛孔粗大，是为20岁开始的过度清洁而买单。等到成长期结束后，我们的肌肤就开始迈向成人肌肤的过渡期了。请认真对待这段关键时段，这是关系到你会过早过渡到40岁的肌肤，还是回到20岁肌肤的分水岭。

到了40岁后，脸部肯定会出现松弛、小皱纹等。如果现在开始不认真对待的话，等到肌肤真的开始老化，一切就太迟了。肌肤已经开始老化的人，也请不要沮丧，对此我推荐使用"肌肤断食法"来进行护理。所谓"肌肤断食"，就是早上起床后除了洗脸，化妆水、精华液等等的护肤品都不用，让肌肤"裸奔"。肌肤到底会变成什么状态？到底想要什么？认真和肌肤进行一个对话。50岁时皮肤的松弛、皱纹，已经不是光靠自己的力量就能恢复到理想肌肤的状态了。我推荐大家去美容院，让专业人士为我们指引一条通向肌肤再生的正确道路。

皮脂不是你的敌人，
而是最高级的天然乳液

　　本来，油脂分泌就是为了保护肌肤和身体而做出的防御反应。但是，那些一直沿用错误的护肤方法或者一直不做保养的懒女人，每当肌肤变粗糙，便把原因怪罪到油脂身上，胡乱去油，结果身体为了拼命保护肌肤健康，反倒不停地分泌油脂。最简单的例子，就是平时大家用吸油纸或者去角质面膜去油，结果肌肤不油了，却变得干巴巴的。在此，我介绍下面的肌肤护理方法，可以让肌肤回到水油平衡的状态，同时请务必改变对油脂的态度，过去最讨厌的油脂也应该要好好珍惜才行。

去除皮脂是不对的！
我都是将产生的
皮脂，代替乳霜
抹在皮肤干燥部
位上。

Part9 SOS护肤 不留痘印的紧急祛痘面膜

春季型烦恼肌肤的最大特征就是"看得到的问题很多"

春季型烦恼肌肤的最大特征，就是诸如青春痘、粉刺、毛孔粗大、色斑等，这种一看就能发现的问题很多，常常会为此烦恼不已。特别像是青春痘和粉刺，女生都会着急着要尽量隐藏起来或者想要尽快治好。因此不少人会尝试各种各样的护肤品或者护肤方法，结果却做了很多无用功，让自己变成"痘印肌肤"。为了不出现这些问题，最重要的是进行防患于未然的护肤保养。但是，如果已经发生问题了，就要思考如何让问题停留在轻度状态，而不是急欲把问题解决掉。

首先，要倾听身体的心声。身体的悲鸣表现在肌肤表面上，就是青春痘和粉刺。比方说：如果精神压力太大，就会在额头长痘痘；如果是肝功能或是肺功能不好，就会在两颊长痘痘；如果肠胃功能不好，就会在嘴巴周围长痘痘；如果是内分泌失调，就会在下巴横向和中间长痘痘。因此想要从根本上解决痘痘粉刺问题，首要问题就是让身心健康。

如果无论如何也无法改变，而要长痘痘的话，那么像是"摇＆抓"这两种简单的手部技巧，以及美白精华液集中护理法都是很有效的。同时，也要告诫大家，千万不要把痘痘弄破挤出来，注意不要留下痘印。

1

用指腹轻轻按压

用剪刀剪下一小块化妆棉后，倒上含有酒精的化妆水。然后贴在青春痘或粉刺上，用指腹轻轻按压，进行杀菌。

2

捏住肌肉，摇动脓芯

注意不要用指甲，要用指腹轻轻捏住青春痘和粉刺周围的肌肉，摇动脓芯。注意如果用力过大的话，就会强行将脓芯挤出来，这样就容易留下痘印。

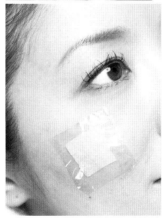

3

美白化妆棉面膜

要等青春痘和粉刺的脓芯自然冒出肌肤表面。为了防止痘印出现色素沉淀，剪下一块和 Step1 中大小一样的化妆棉，倒上美白型精华液后贴在痘痘部位，最后盖上保鲜膜做个面膜。

Part10 **通向佐伯千津的美人肌之路**
让身体变冷的生活习惯使肌肤
问题更严重

　　春季型烦恼肌肤和夏季型烦恼肌肤的人，大部分都是一热就很容易出汗的体质。因此，一到炎热季节，就爱吃冰的饮料、甜甜的果汁、冰爽的碳酸饮料，还有凉面、凉拌豆腐、蔬菜沙拉这种凉的食物。而且，在屋子里也是尽可能多地开空调，喜欢洗冷水澡等诸如此类的生活。

　　这么一来，无意识中就让你的身体变寒了。人类原本应该具备的、调节体温的恒温功能就被完全破坏掉了。

　　更糟糕的是，这类人还很喜欢吃油腻的食物，或者加了很多香辛料的、很咸的刺激性食物。这些重口味食物同时也是肌肤的大敌。有人甚至拿各式各样口味的饮料来替代白开水，如果一直维持这样的饮食生活习惯，光喝那些有味道的饮料而不喝水的话，身体代谢就会越来越糟糕，肌肤问题根本无法得到解决。

◎ "顺便做的美容"是黄金美容术

在我 42 岁的时候，就是这个"顺便做的"化妆水面膜法，让已经出现毛孔松弛、肌肉下垂、肌理粗糙得像是要烂掉的肌肤得到了救赎。因此，我在此与大家一起分享这个让肌肤重焕生机的黄金美容术。

大家要明白的是，白天受到的伤害也会加速肌肤老化，所以千万不要忽略早上做化妆水面膜的重要性，这层面膜能在肌肤表面形成"保护型盔甲"，保护我们的肌肤远离来势汹汹的敌人！而之后使用的精华液和乳液就像是刀和枪，让我们武装肌肤，用完美的防御状态过完一整天。每天如此持之以恒，就会出现连锁反应，让肌肤变好起来，赶紧试试看吧！

佐伯式 早上顺便做的美容术

1 分钟 清水洗脸

⬇

3 分钟 化妆水面膜

⬇　泡咖啡

3 分钟 抹精华液

⬇　喝咖啡

3 分钟 抹乳液

⬇　用水果榨果汁

3 分钟 抹防晒霜

　　　边喝果汁边看报纸

重点

长时间坚持"顺便做美容"这个秘诀

像我这样，已经习惯每天早上将化妆水面膜作为一种仪
式，就不会觉得辛苦了。

佐伯千津的一问一答

◎ Q. 我本来是想每天认真坚持做化妆水面膜的，
但肌肤状态总是不稳定

原来只是打算做？所以，肌肤并没有变漂亮！

早晚 3 分钟化妆水面膜，每天都做了吗？

就这么敷在脸上，超过 3 分钟了吗？

还是，只是打算阶段……

要知道，你偷懒的心情，都会体现在肌肤上。

半途而废的人，是最难变漂亮的。

关于化妆水面膜，我已经在这本书里进行详

细的说明了。

仔细阅读的前提下，请正确尝试我提出的护

肤法。

在 3 个月后你就一定会看到自己的变化。

让自己从满脸皱纹的、干巴巴的、满是色斑

和细纹的"肌肤地狱"中解脱出来！

一到夏天，夏季型烦恼肌肤多发皮肤黏腻、肌肤角质排列紊乱、毛孔粗大等问题，这都是由皮脂原因引起的。

要防患于未然，从护肤的正确答案到每个季节的护肤要点，一次性全都告诉你！

CHAPTER 4

佐伯式
夏季型烦恼肌肤的美容术

再一次确认你的肌肤状态

- 很容易脱妆
- 很容易出油
- 皮肤肌理很粗糙
- 毛孔粗大
- 眼部和唇部有很深的纹路
- T区总是冒油光
- 容易长顽固型皱纹
- 整张脸暗淡无光

Part1 审视你一直以来的护肤方法

解释说明肌肤烦恼的原因

◎ 讨厌皮肤黏黏的感觉，要做的护肤功课就马马虎虎偷懒了

这些习惯都会导致你肌肤的烦恼，

审视一下你的护肤、生活习惯吧

- 容易出现脱妆，一天要多次补妆
- 每天都进行双重清洁
- 底妆的话，一整年都选择使用粉饼
- 觉得每次不用乳液或者乳霜，只用化妆水就足以保湿
- 比起"补"，更注重"清"的护理
- 即使到了秋冬，护肤方式还是和春夏一样
- 饮食多油腻
- 觉得自己是一热就很容易出汗的体质
- 常常喝冷饮
- 很喜欢喝碳酸饮料
- 喜欢吃重口味的食物

◎ 皮肤变得粗糙，这是长深皱纹的前兆

被油脂所欺骗，连真皮层都缺水的问题肌肤

夏季型烦恼肌肤各种各样的问题，根源在于过多的皮脂和汗液。

具体来说，油脂不仅会引起皮肤油光、发黏，还常常会造成脱妆、毛孔粗大这些问题。有的还会出现肌理粗糙，T区部位全年都冒油光的困扰。有些人易长色斑，肌肤容易暗淡无光，没有张力和弹性，有的人甚至会在眼唇周围长出很深的皱纹。这些问题都和强紫外线造成的晒伤、流汗后形成的盐害，以及空调房引起的干燥等有着密切关系。对于夏季型烦恼肌肤来说，这些问题多发于最残酷的夏季。

由于过度清洁，又得不到水分补充，被夺走了肌肤能量

这种肌肤乍看之下好像是皮脂过剩，实际问题却是缺水。原因同样还是过度清洁。过度去除皮脂后，肌肤一旦接收到皮脂被夺走的SOS，就会分泌更多皮脂进行补充，这么一来就会加速皮肤变黏腻。

还有，不补充水分也是很大的原因。由于出现皮肤黏腻以及油光，很多女生就会连最基础的护肤步骤都全部省略，因此真皮层只能想法来弥补这个错误。这么一来，补充了第二层肌肤，第一层肌肤就变得缺水了。这样不仅仅会造成皮肤表面油光，甚至连深层肌肤都很容易出现顽固色斑，以后就变成很深的皱纹。可以说夏季型烦恼肌肤是春季型烦恼肌肤进一步发展后的恶化状态。

Part2 照镜子检查肌肤
确认肌肤烦恼的状况

◎ 夏季型烦恼肌肤容易出油、脱妆以及暗淡无光

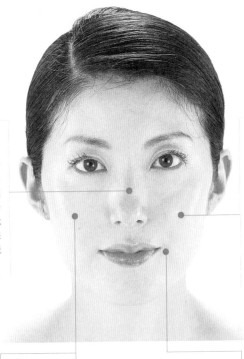

肌肤容易出油、脱妆

以T区为主，感觉全脸都很黏腻、容易出油。由于油脂分泌旺盛，肌肤发热，上妆非常困难。即使妆化得很漂亮，也没办法保持很久，很快就脱妆了。

肌理粗糙，排列混乱

肌理粗糙，随着年龄增长角质排列越加紊乱。因此，皮肤触感变得粗糙不光滑，毛孔粗大以及肌肤暗黑问题也很严重。由于肌肤缺水，每一块肌理都变得贫瘠，毛孔看上去也更为粗大。

肌肤表面感到火辣辣

用固体肥皂咯吱咯吱地用力洗脸后，肌肤会变得干巴巴。因为非常讨厌肌肤黏腻的感觉，就连必要的营养也不补充，肌肤表面会变得很敏感。如果再加上流汗造成的盐害，肌肤表面就会感到火辣辣的疼痛。

无论如何都无法祛除的深深的色斑

由于过度清洁，只有用真皮层的水分来填补肌肤表面被抢走的水分，肌肤深处就会呈现缺水状态。因此，如果让肌肤深层生成新细胞，促进肌肤代谢的能力跟不上，黑色素无法排出体外，肌肤最后就很容易留下顽固色斑。

眼唇周围出现醒目的深纹

为油脂所迷惑，误以为自己皮肤很水润，实际上是真皮层的水分为了弥补表皮缺水，造成肌肤深层缺水，最后造成肌肤缺乏张力和弹性。因而，肌肤变薄，表情丰富的眼唇周围就会出现很深的皱纹。

在显微镜下确认肌肤状态

充分了解肌肤烦恼的进程

◎ 由于皮肤表面水分不足，真皮层里细胞间隙变大，肌肤整体弱化

缺水引起油脂分泌旺盛

由于过度清洁造成伤害的表皮层缺水，肌肤变得非常干燥。为了保住肌肤最后的一点水分，肌肤只有分泌更多的油脂。如果此时不立刻补水的话，肌肤就会变得干巴巴的，请注意这是肌肤已经向你发出SOS求救信号了。

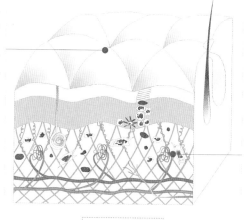

由于营养不良真皮层也会变糟

接收到表皮发出的SOS求救信号，真皮层就对表皮层进行补水。但是由于没有及时给肌肤添加水分和营养，肌肤真皮层的状态越来越糟糕。血液循环变坏，代谢也变慢。不知不觉中，肌肤问题就变得很严重了。

〔佐伯肌肤诊断教室〕预测你未来的肌肤老化→很深的皱纹

- 深深的皱纹
- 白色痘痘
- 色斑
- 疙瘩
- 肌肤松弛长皱纹

夏季型烦恼肌肤，随着年龄增长，由于强紫外线的伤害和肌肤缺水，造成废旧角质堆积在肌肤表层。如果再加上油脂分泌过剩，肌肤就会出现白色痘痘。很多时候都是在同一部位反复发作。还有，由于角质变厚变硬，从肌肤深处外排的力量已经不足，造成新陈代谢紊乱。一旦黑色素无法排除，色素因此就会在肌肉内堆积，肌肤开始形成顽固色斑。而且，这种肌肤还有可能长出肿肿的红疙瘩。由于肌肤真皮层受到很多意料外的伤害，肌肤很容易长出深深的皱纹。另外，由于肥厚的角质增加了肌肤自身重量，肌肤无法承受自身重力，结果会给人以满脸皱纹、肌肤松弛的感觉。

Part4　夏季型烦恼肌肤的倾向和对策

◎ 过度清洁、过度补充、过度节省的三重伤害

首先，形成夏季型烦恼肌肤的最大原因就是过度清洁。

这种肌肤类型的人很多都喜欢用固体肥皂（洁面皂），希望肌肤洗好后能达到咯吱咯吱响的程度。总之，就是千方百计地解决肌肤油光和黏腻的问题。

但是，因为想让肌肤变清爽，很多人所使用的触摸肌肤和护肤的方法，常常会出现反复洗脸，或者用力擦拭的错误倾向。这些行为也是造成过度清洁的原因之一。

这么一来，就会慢慢造成皮肤缺水的问题。而肌肤为了保护皮脂，反倒让皮脂分泌更加旺盛。

还有，让夏季型烦恼肌肤的问题变得更严重的一个原因就是过度补充。很多这种肌肤类型的人都喜欢使用化妆水。她们并不是已经认识到自己皮肤缺水，怎么说呢，而是觉得"不护肤不可以，但是只想抹些清爽型产品"，因此认为化妆水是最适合的。她们误以为"化妆水＝安心补水"。

而且，还有一个原因就是过度节省。

用了化妆水就结束护肤，省略了精华液、乳液、乳霜这些必需的营养补给。这和人们光喝水是没办法生存的道理一样，肌肤光靠水也是不够的。因此，好不容易补充的水分全部蒸发掉了，一切的努力就

变得毫无意义了。

再加上有一些人由于讨厌皮肤油光，就不用防晒霜和打底霜。底妆也只选择用粉饼。这样一来，就会夺走肌肤多余的水分，加速肌肤问题。

照射紫外线，或者大量出汗时，你的肌肤是不是会出现刺痛感？这个也是肌肤发出的 SOS。大家必须要注意，按照常理来说，肌肤受到伤害后是会第一时间发出求救信号的。

让缺水 & 营养不良的肌肤从深层开始重启

夏季烦恼肌肤者需要改正下列错误。

首先，从今天开始停止使用洁面皂，必须注意要在保留肌肤水分的同时温柔地洗脸。还有，**夏季型肌肤比春季型肌肤受到的伤害更严重，因此为了能够让肌肤从基底层重新恢复健康状态，不仅需要修复表皮层，还必须对真皮层进行修复。** 也就是说，必须同时加强对表皮层和真皮层的强化修复。

这就是说，在用化妆水面膜给肌肤深层充分补水的前提下，还要补充能够直达真皮层的精华液。虽然很多人会出于懒惰或怕黏腻感而避免使用乳霜，但如果你继续这样，只会无情地夺走你肌肤表面的水分。因为"讨厌肌肤黏腻感"就把自己的喜好强加给皮肤，如此只会离理想的健康肌肤越来越远。建议你可以选择触感清爽的，可是又能有很强保湿效果的乳液或者乳霜。请属于夏季烦恼肌肤的你务必增加这一护理步骤！

夏季型烦恼肌肤基本的护肤对策

◎ 通过补水、收缩毛孔，加强皮肤基础，打造完美肌肤

夏季型烦恼肌肤的早间护理，应当从保持肌肤水润的洁面工作开始。首先请抛弃你手边的洁面皂！如果昨天进行的保养已经全被肌肤吸收掉的话，早晨光用清水洗洗就足够了。赶快忘记那种过度清洁时肌肤咯吱咯吱的"彻底清洁干净"的自我良好感觉。如果肌肤确实非常黏腻的话，我推荐使用那种对肌肤无负担的啫喱状或者摩丝状洗面奶。

第二步，开始使用化妆水面膜。化妆水面膜补水的目的就不用多说，化妆水还能够将水分送达肌肤深层，打开后续护肤品吸收通道。对那些需要强化真皮层的肌肤，只要是在早晚敷化妆水面膜，就能帮助精华液、乳液、乳霜等护肤品营养送达肌肤深层。

早上最适合使用的就是美白型化妆水了。美白型化妆水具有收缩由于皮脂分泌旺盛造成的毛孔粗大问题，还能抑制肌肤出现油光和黏腻。

此外对于夏季型烦恼肌肤还有一个非常有用的护肤法，就是要在敷化妆水面膜的步骤中加入冷敷。 你仅需要在脸上贴好化妆棉，再将保鲜膜包住的冰块轻轻地贴在整张脸上，就能进一步提升收缩毛孔的效果。

这种肌肤的特征包括很容易长顽固色斑，因此精华液也要选择美白型。绝对不能忽略使用乳液或者乳霜、防晒霜。每天早上坚持认真护肤，不知不觉中肌肤就能恢复能量。

基本的护肤对策

步骤	类型	目的
洁面	清水洗	选择不会夺走肌肤水分的温水进行清洁。为了不对肌肤造成负担，清洁重点就是双手要以横向打圈的方式，从中间朝两侧洁面。洗脸方式很容易弄错，注意手势一定要轻柔。
化妆水面膜	美白	为了能让后续精华液直达真皮层，要选择先使用化妆水面膜。挑选美白型化妆水，可以在补水同时达到收缩毛孔的效果。使用化妆水面膜同时如果加上冷敷，还可以达到意想不到的功效。
精华液	美白	由于真皮层也缺水，应该选择能够直达肌肤深处的精华液。由于缺少促进角质代谢的能量，易长色斑的夏季型烦恼肌肤要使用美白型精华液。美白型精华液还具有收缩毛孔的效果。
乳液·乳霜	按照目的区分	想让真皮层复苏而绝不可省的步骤。根据自己最在意的比如松弛、皱纹、色斑等问题，进行挑选。防止肌肤发黏的重点就是将乳液在手掌中全部抹开。
防晒霜+粉底	粉底液	如果因讨厌肌肤黏黏的，而选择不用防晒霜，这是绝对不可饶恕的错误。选择低SPF值的防晒霜或者具有SPF效果的乳液都行。干燥肌肤必须选择粉底霜。

● 40 岁之后追加的项目

 眼霜 对于有可能对肌肤深层产生伤害的夏季型烦恼肌肤者来说，为防患于未然，对抗皱纹必须使用眼霜。自上眼皮从眼角开始朝着眼尾方向轻轻涂抹，一直到太阳穴为止。

晚

夏季型烦恼肌肤基本的护肤对策

◎ 精华液直达真皮层，从肌肤内部进行全方位修复

夏季型烦恼肌肤夜间护理的最大重点也在于适度清洁。请选择不会夺走肌肤水分的卸妆乳进行清洁。可以选择用温水轻轻冲洗，或用化妆棉擦拭。不管是哪种，都不应太用力地擦拭肌肤，否则会给肌肤造成伤害。

然后，在清洁后进行热敷促进血液循环，以激活脆弱的真皮层。

当然了，晚上也必须使用化妆水面膜。对此类型肌肤而言，让肌肤整体充满水分，让精华液直达肌肤真皮层才是决胜关键。因此，使用化妆水面膜是必不可少的一步。

角质代谢紊乱的夏季型烦恼肌肤可以选择美白型化妆水、美白型精华液，这些都可以帮助肌肤从内开始华丽变身。

还有，能够达到牢牢锁住水分，将营养送达真皮层双重效果的乳液也是护肤必需品。特别是汗流浃背的夏日夜晚，很容易让人忽略，但自己要明白如果你放弃护理，你的肌肤问题就会变得更为严重。选择清爽型护肤品，涂在脸上后用手指轻轻按压，让护肤品营养直达肌肤深层。像这样稍稍花点心思，想办法解决肌肤发黏的困扰，设法修复真皮层。

另外，由于细嫩皮肤很容易出现深皱纹，像是眼唇、脖子周围等脆弱部位，不要忘记专门的针对性护理。

基本的护肤对策

步骤		类型	目的
洁面		乳液类	选择能够保持肌肤水分的卸妆乳。用手温热后，抹在脸上的五个位置。为了不给肌肤造成负担，要轻轻地涂抹开，然后用温水洗净，或用湿润的化妆棉将卸妆乳擦干净。
化妆水面膜		美白	和早上一样，对肌肤代谢缓慢的夏季型烦恼肌肤来说，要使用美白型化妆水面膜，让水分直达肌肤深层。这样还能达到让后续精华液和乳液的功能提升120%功效的效果。
精华液		美白	对于因真皮层缺少能量，而让角质代谢缓慢的肌肤来说，我推荐在夜间修复时使用美白型精华液。花点心思让精华液直达肌肤深层，这对顽固色斑也能防患于未然。
乳液·乳霜		按照目的区分	为了在夜间修复真皮层，乳液护理是必须的。皮肤松弛、皱纹、色斑等，根据自己最在意的肌肤问题选择功能性产品。抹开乳霜后，用手掌包住全脸，让乳液渗透到肌肤深层。

● 40 岁之后追加的项目

眼部护理 颈部护理		真皮层非常脆弱，常常出现深皱纹的夏季型烦恼肌肤，其眼部和脖子周围，必须使用专业护肤品进行护理。对颈部肌肤来说，边按摩边涂抹颈霜，能够事半功倍。

日常护肤 持续积累的绝对美容术

早

收缩毛孔，直达肌肤内部

冰敷&精华液浸透对策

　　由于被油脂烦恼所迷惑，对于夏季型烦恼肌肤，我们很容易只关注到表面油光、毛孔粗大问题。但实际上，相比春季型肌肤，夏季型肌肤的真皮层问题也已经非常严重了，因此需要做更强化型的护理。例如，在早上化妆水面膜外加上冰敷，可促进血液循环、提高真皮层的活力，还有收缩毛孔的效果，真可谓是一石三鸟的好办法。另外精华液对营养不良的肌肤来说是不可缺少的产品。稍微注意一下护肤手法，比如用手包住全脸，就能让精华液充分到达真皮层。

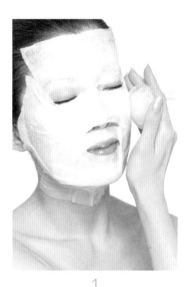

1
用保鲜膜包住冰块
让肌肤冷却舒缓

用啫喱状物体制作成手掌大小的冰块，用保鲜膜包住后拧紧。在敷着化妆水面膜的脸上轻轻移动，使整张脸得到冷却。

2
用手掌包住脸颊
让精华液浸透到肌肤深层

精华液涂满全脸后，用手掌包住脸部轮廓后轻轻按压。利用手掌温度温暖肌肤，提升精华液的渗透能力。

晚

热敷对策

在进行肌肤修复的夜间护理中，为了激活真皮层，要加入热敷步骤。洁面结束后，准备好温热的毛巾，慢慢地让肌肤得到温暖。这样可以促进血液循环，刺激功能低下的真皮层。通过加热，还能让毛孔充分张开，使后续通过化妆水面膜、精华液补充的营养能更好地被肌肤吸收。

1	2	3
将保鲜膜包裹的热毛巾绕在脖子后面	**将保鲜膜包裹的毛巾贴在背部**	**将温热的毛巾贴在耳朵根部**

将保鲜膜包裹的热毛巾绕在脖子后面，从颈部到肩部进行充分加热。这样可以促进血液循环，缓解肩部和颈部僵硬，让脸部皮肤充满光泽。

将保鲜膜包裹的毛巾拉直，一端贴着后脑勺，一端贴着腰部，使脊椎周围变温热。这样可以提高新陈代谢，还能放松自我。

用温热的毛巾温暖耳朵前后部位，促进淋巴循环。如图片所示，将毛巾事先缝成连指手套状的话，用起来会更方便些。

〔佐伯肌肤诊断教室〕用保鲜膜包裹的毛巾做家庭式美容

佐伯式护肤一大特色，就是将身边的东西变成简单的美容工具。比如，将洗脸毛巾弄湿，用保鲜膜包住后拧紧两端，然后用微波炉加热到适合温度，就非常简单地做成了给肌肤热敷的工具。这一系列准备都能在很短时间内完成。必须注意的是，根据微波炉功率不同，有可能会造成毛巾过热，注意不要被烫伤。

Part6

每周一次的护肤 90天变漂亮的美容术

◎ 让脆弱的肌肤恢复元气的水按摩

夏季型烦恼肌肤，简而言之就是处在疲劳状态下缺乏营养水分的脆弱肌肤。也就是说，恢复健康是通向美丽肌肤的第一步。

因此，针对这种类型的脆弱肌肤我建议要每周进行一次特殊护理，也就是下面要介绍的利用水流能量来激活肌肤的水按摩美容术。

首先准备一个在超市等处就能轻松买到的尖嘴瓶。这是一种前端像鹤的脖子一样有着细细的吸管状的塑料瓶。

在尖嘴瓶里装满水，沿着脸部肌肉喷洒，利用水流的力量按摩整张脸。预计要用掉一整瓶的水，因此可以不慌不忙地慢慢按摩，最好在浴室进行这项美容术。

这种激活夏季型烦恼肌肤，恢复肌肤健康的水按摩，可以通过温和的刺激舒缓表情肌肉，补充水分，收缩毛孔。而且，对于肌肤发热、干燥，以及脸部僵硬、肌肤疲劳等也是很有效果的。<u>在晚上进行能够激活肌肤，提高护肤品的吸收能力；早上进行则能够调整肌理，收缩毛孔，使妆容变得特别服帖。</u>

水按摩小道具尖嘴瓶

前端有着像是鹤的脖子一样细细长长吸管的尖嘴瓶是做水按摩必需的工具，在大型超市可以买到。但要是想出水大一点稍微刺激一点的话，用喷雾瓶代替也OK。

◎ 修复疲劳肌肤的水按摩美容术

　　对于真皮层已经受到伤害的夏季型烦恼肌肤来说，刺激深层肌肤是非常重要的。用尖嘴瓶就能完成的水按摩不仅不会伤害肌肤，还能让肌肤放松，使紧绷的表情肌肉得到舒缓，使深层肌肤得到激活，可以得到脸部按摩般的效果，因此不要嫌麻烦，每周进行一次水按摩吧。

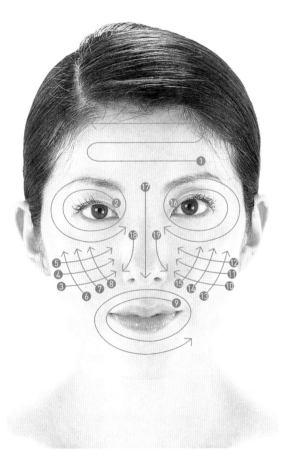

利用水的压力刺激肌肤深层

用尖嘴瓶挤压后喷出的水流按摩刺激表情肌肉。顺序如图所示。从额头开始，沿着右眼、右脸颊，再到嘴角周围；然后再沿着左脸颊、左眼进行；最后到鼻子周边。这不是胡乱进行的，而是沿着表情肌肉进行，这样才能激活深层肌肤。水按摩使用的水，用自来水也OK。按摩后，肌肤将呈现光泽，变得饱满。

Part7　季节护肤　春夏的盐害预防，秋冬的营养对策

春天到夏天要注意防止紫外线和盐害

很多人都是因为讨厌肌肤发黏，连防晒霜都忽略使用，从而导致形成夏季型烦恼肌肤。需要明白的是，紫外线不仅对肌肤表层产生伤害，甚至会直达真皮层，夺走肌肤弹性。因此不要被肌肤表面黏腻所迷惑，如果不认真进行防护的话，肌肤内部就会慢慢地变得干燥。

另一方面，由于流汗等原因，夏季汗水和泪水中含有的盐分也会对肌肤造成刺激，肌肤时常出现刺痛、发红等盐害问题。如果放任不管，就会诱发形成皱纹和色斑，<u>因此这类肌肤的人，在平时护肤时，应当常常用湿毛巾擦汗，而不是用吸油纸吸油。</u>

秋冬时节绝对需要的乳霜护理

对夏季型烦恼肌肤者来说，不要说是在春夏季了，就连秋冬季也酷爱肌肤清爽，因此护肤时常常只用化妆水，而对乳霜毫不"感冒"。但这只是你的个人喜恶，不是肌肤真正的心声啊！试问，人要是只喝水能活下去吗？营养是必需的，肌肤也是一样的。光用化妆水护肤的最终结局，就是水分一直蒸发，肌肤当然会发出"请给我营养"的呼救声。造成的恶性循环是，如果在秋冬季不储藏肌肤能量的话，到春天肌肤问题就会越来越严重。

40 岁以后"美人肌"特殊护理

3月 用美白精华液进行集中护理
用 2 周到 1 个月的时间集中性地补充营养。50 岁以后，在 6 月份也要进行集中性护理。这么一来效果更为显著。

9月 用美白、保湿精华液进行集中护理
挑选和 3 月时使用不同的产品，作为护肤的强心剂。

换季时期，肌肤基础的特殊护理
真皮层的营养、密集精华液对策

强紫外线开始密集的 3 月、冷风刮起来的 9 月，同样也属于肌肤的换季时节。这个时候比起平时，是需要更注意保湿的季节。**特别是真皮层变干燥的夏季型肌肤**，在这个时间里为了强化真皮层，**需要使用修复皮肤的集中型精华液**。特别是 40 岁以后的女性朋友，一年必须要做两次以上的密集护理。

真皮层干燥，表皮层却油光光
首先要修复皮肤基础

从真皮层开始流失滋润成分，营养也无法传递，肌肤弹性纤维开始失去弹性。这些所谓的肌肤干燥问题，在未来都会成为导致深纹和皮肤松弛的罪魁祸首。因此，如果现在不打好肌肤保养基础的话，表皮层会变得干巴巴的，接着就是真皮层的干涸，最终让肌肤问题积重难返。

美白精华液

对于夏季型烦恼肌肤来说，选择可以促进肌肤代谢、增加肌肤活性的美白精华液。

Part8 特别护理 解决由于护理不当造成问题的特别护理

◎ 20 ~ 30 岁该有的习惯拖延了，肌肤就会急速变老

20 岁女性烦恼的毛孔粗大问题和饮食生活有很大关系。不要说努力做到营养均衡，如果你连饭都不好好吃，每天尽吃一些没有营养的方便食品，毛孔粗大只会越来越严重。应对毛孔粗大从源头抓起的护理是非常重要的，因此让我们保持饮食均衡，打造完美毛孔吧。

30 岁出现色斑、肝斑、肌肤暗淡的问题很多都是由于在年轻时热衷外出，长时间暴晒，被紫外线伤害造成的。如不尽早修复，问题只会变得越来越严重，因此请多加注意每时每刻做好防晒工作。

40 岁的肌肤松弛、小细纹是由于你 20 岁、30 岁时疏于保养，随着你的肌肤能量慢慢变差，自己在不停消耗"复活能力"后最终出现的衰老问题。这时，请抱着从零开始的心情，开始密集护理，认真面对皮肤修复这个问题。

50 岁的肌肤松弛和皱纹是"重症"。请试着对自己奢侈点，拜托专业人士，耐心地一点点地修复损伤。

婴儿爽身粉和塑料瓶摇身一变，成为头皮护理好帮手

用婴儿爽身粉吸收多余油脂是非常不错的选择。棉质工作手套可以在不伤害头皮的同时刺激毛孔，因此是个绝不能错过的工具。能够简单利用身边的日常工具才是高明的美容方法。

脸部和头部皮肤是一样的

头皮松弛也会造成脸部皮肤松弛

你或许想不到，脸部轮廓松弛的人头皮也是软软的，而且很多都有毛孔堵塞、头皮黏腻的问题。因此为了防止皮肤松弛，必须要收紧头皮，首要任务是头皮毛孔清洁。有此烦恼的人，请务必坚持定期头皮毛孔护理。

1

将婴儿爽身粉抹在头皮上

在用洗发水前，先在头皮上抹上婴儿爽身粉。头皮的每条分线上都要抹上爽身粉，溶解后用指腹轻轻按摩。建议使用挤压型容器会方便很多。

2

戴上工作手套后，用指腹按摩头皮

将头发分好线，用发卡固定好后，沿着分线轻柔地按摩头皮。力度以感到舒适即可。

3

用牙刷清洁毛孔

用干净的旧牙刷贴着头皮轻轻震动，将头发仔细分开后沿着分线进行按摩。特别是耳朵后面，脖颈的发髻线是发生毛孔堵塞的主要部位，要用牙刷进行重点清洁后，再用洗发水洗头。

Part9 SOS护肤 为了预防夏季皮肤老化，使用保湿乳液面膜

◎ 让僵硬脆弱的肌肤恢复春天

"由于油脂分泌旺盛的问题，所以肌肤什么油分都不需要了！"出于这种错误认识，夏季型烦恼肌肤者常常出现不爱用乳液的问题。但是，一直重复过度去油，护肤时不要说补水和补充营养，甚至常常连最基础的步骤也容易省略掉。最后等到你意识到问题的时候，肌肤已经失去了张力和弹力，成了不堪一击的脆弱肌肤。

现在请试着用手摸摸你的肌肤，如果无法很快回弹，就说明你肌肤表面问题已经很严重了，表皮层的张力以及真皮层的弹力都已经发生退化了。如果一直放任不管的话，肌肤就会出现无法挽回的松弛问题。

这个时候，就要进行保湿乳液面膜护理法。对于油脂分泌旺盛的你，大概会大吃一惊："啊！用乳液做面膜？"答案就是"是的"，对于夏季型烦恼肌肤而言，光在肌肤表面做保养是不够的，肌肤仍旧会出现干燥问题。只有用保湿乳液密集地做面膜，才能产生让营养充分快速地直达真皮层，让已经僵硬脆弱的皮肤内部得以重回春天的惊人效果。相信我，你可以试一试。

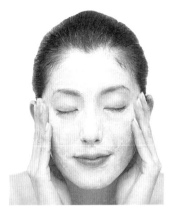

1 将乳液在掌心搓热后，抹到脸上

洗脸后，肌肤上什么都不要抹。取葡萄大小的乳液在掌心搓热后，均匀抹于全脸。然后，用手掌包住脸颊，用体温帮助乳液中的有效成分渗透到肌肤内部。

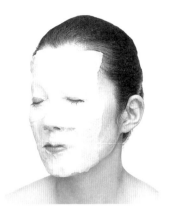

2 用化妆水面膜做水膜

把化妆棉打湿后，挤干化妆棉里的水，再将约5mL的化妆水倒在化妆棉上，轻轻擦拭全脸。最后将化妆棉对半撕开，贴在脸颊部位。

3 保鲜膜可以充分发挥乳液效果

将保鲜膜轻轻地盖在脸上。为了能够正常呼吸，事先留出鼻子和嘴巴部分。保鲜膜可以保持体温，能充分发挥乳液效果，帮助乳液渗透到肌肤深层。

4 充分吸收残留乳液

保鲜膜盖了3分钟后，乳液面膜也就完成了。取下保鲜膜和化妆棉，用手掌轻轻按压残留在肌肤上的乳液，让其充分吸收。之后不要在脸上再用任何其他产品。

Part10 通向佐伯千津的美人肌之路
夏季型烦恼肌肤的恶化原因就
是不出汗的舒适生活

本是一到夏天就汗流浃背的夏季型烦恼肌肤，特别容易受到夏季空调的欺骗。空调比你想象中的更容易夺走脸部水分。**如果在空调房里持续呆上一天的话，不管你怎么喝水，还是会出现严重的夏季肌肤干燥问题。不仅如此，夏季肌肤干燥还会助长身体变寒的问题，容易让体质变差。**而且，如果喜好冷饮，再加上洗冷水的生活习惯，更会加速身体的老化。因此，应对此类问题的首要办法，就是每天至少要让自己流一次汗。

对于上班族和懒人的体寒者来说，我的推荐就是做足浴。方法也很简单，在洗脚盆或者水桶里倒入热水，然后放入自己喜欢的浴足剂，然后把脚放进去就可以了。你可以边看电视边泡脚，也可以边敷化妆水面膜边泡脚，实际上这也是一种"偷懒的美容法"。泡脚可以促进血液循环，提高肌肤代谢，还可以维持体温。而且，还有一个意外的收获，就是可以让你放松身心，提高睡眠质量。虽然方法简单，但是效果绝对是非常惊人的，请一定要尝试一下。

〔佐伯肌肤诊断教室〕

空调调高一度，
心理和皮肤都会变健康

人们常说"肌肤在夏天会变老一岁"，肌肤
夏季老化的原因实际上就是因为干燥。本来，人
的身体机能已经设定好通过流汗来促进体内的新
陈代谢，保持肌肤水润以及提高血液循环。但在
夏天，人们都喜欢一直呆在冷得让人起鸡皮疙瘩
的空调房里。这么一来，内心也好肌肤也好都冷
得缩成一团，血液循环变差，自律神经也会失调。
调高室温，缓解身心，对美容对健康都是非常重
要的。另一方面，如果肌肤发热的话，请用冰袋
进行冷却。

在夏天的屋子里，不要开空调，而是利用香熏进行降温

我一到夏天都是用具有清凉感的香熏代替开空调的。通过夏季特有的湿度，让柔和的香味充满整间屋子，身心都能得到放松。

Part11　佐伯千津的一问一答

◎ **Q. 请告诉我美容的饮食方法**

佐伯推荐针对色斑、暗沉的"黑色力量"。

身体代谢差，肌肤代谢也是差的。

肠胃不好、便秘、浮肿的人，肌肤暗沉，色斑也会变严重。

进食速度很快以及牙齿有问题的人都很容易出现肌肤暗沉。

这是由于你总是给肠胃增加负担。

首先要解决的就是调整身体状态。

之后我再告诉你针对色斑、暗沉的美容食谱。

这个就是"黑色力量"的激活能力。

像是海苔、海带等海草类，小松菜或者菠菜、黑芝麻等， 都含有丰富的能够促进血液循环以及雌性激素活性的碘、矿物质、钙。**对构筑代谢健康的身体有很大帮助。**

我自己常常做的就是紫菜卷寿司。

将小松菜或菠菜稍稍焯一下水，然后加上黑芝麻，用紫菜卷成寿司，这款食物对减肥也有帮助。

最后，水分不足也会导致体内盐分过多，肌肤因此变得暗淡无光，因此夏天特别要注意补充水分。

- 一到初秋，肌肤干燥问题就变严重，肌肤潮红、发热也开始出现。

- 秋季型烦恼肌肤就是皮肤变薄。

- 要防患于未然，从护肤的正确答案，到每个季节护肤注意要点，一次性全部告诉你。

CHAPTER 5

佐伯式
秋季型烦恼肌肤的美容术

再一次确认你的肌肤状态

- 浮粉很严重
- 眼睛下面有细纹
- 皮肤很薄
- 两颊容易呈现紫红色
- 脸颊经常出现潮红
- 全脸出现潮红
- 脸部常常发热
- 肌肤从夏季结束开始变干燥
- 觉得自己是敏感肌肤

Part1 审视你一直以来的护肤方法

解释说明肌肤烦恼的原因

◎ 你会不会在无意识的情况下擦脸

这些习惯导致你的肌肤烦恼，

审视一下你的护肤习惯、生活习惯吧

- 认定自己是敏感肌肤，觉得只有敏感肌肤专用的护肤品适合自己
- 常用纸巾擦脸
- 习惯做脸部脱毛
- 一直坚持双重洁面
- 认为自己适合清爽型的护肤品
- 认为自己的肌肤适合用油类护肤品
- 春夏季没有很热衷于保湿护理
- 曾尝试过去角质
- 曾使用过类固醇类产品
- 喜欢蒸桑拿和泡澡
- 喜欢吃清淡的食物
- 觉得自己体质偏寒，血液循环不好

◎ 角质层薄的肌肤是自己虐待的结果

干燥、潮红、发热、上妆效果差……都是肌肤发出的悲鸣

　　一到初秋，由于天气干燥，肌肤干枯变得严重，潮红、发热、小细纹等问题也慢慢出现，这个就是典型的秋季型烦恼肌肤。要是问题严重的话，脸颊还会呈现紫红色，有的甚至会出现刺痛感。还有一个明显的特征，就是很多这种类型肌肤的人都坚信自己属于敏感肌肤。

　　首先我们要认识到，皮肤角质变薄的结果就是毛孔闭塞，很难出汗。这其实暗藏了肌肤发出的悲鸣："不要再给肌肤增添负担了。"如果继续让其恶化，变成轻度炎症的话，就会出现潮红，甚至由于肌肤表面温度变高还会出现发热的情况。上妆效果差也是必然的。皮肤角质层变薄，眼部很容易出现小细纹。而且，由于肌肤代谢能力变弱，甚至会在肌肤深处潜伏着形成色斑的预备军。

重复错误护肤，形成角质层薄的问题肌肤

　　不当去角质、卸妆油卸妆、无意识地摩擦……秋季型烦恼肌肤的问题，大都由于这些错误护肤方式造成的。也就是说，原因就是你一直重复着让自己皮肤角质层变薄的行为。

　　重复错误护肤，会让肌肤的保水力大大减弱。由于过分担心肌肤干燥，很多人都会选择不做角质护理。但这样反倒会进一步加剧肌肤干燥，让肌肤问题变得更严重，这么一来反倒陷入护肤的恶性循环中。

确认肌肤烦恼的状况

◎ 初秋时，干燥、潮红、发热问题开始变得严重

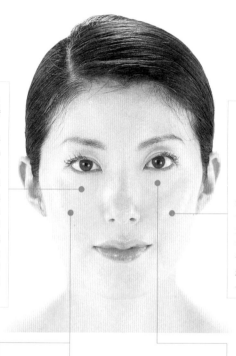

由于皮肤干燥，肌肤干枯就变得严重

由于过度担心肌肤干燥，会在脸上抹很多护肤品。皮肤看上去很薄，实际上肌肤表面却堆积了很多废旧角质，因此这些护肤品完全无法吸收，肌肤不仅不会变水润，而且整体保水力也会变差，最后肌肤干枯变得越来越明显，还常常出现肌肤暗淡无光的问题。

脸部潮红，严重时还会呈现紫红色

由于双重洁面、用纸巾擦脸、做脸部脱毛等日常性摩擦，造成肌肤干燥、潮红的问题。如果你已经处在这种肌肤状态下了，却仍旧一直选择用油类产品护理的话，肌肤问题只会变得越来越严重，最后脸颊甚至会呈现紫红色。

肌肤发热的话，上妆就很困难

由于肌肤摩擦造成皮肤发炎，肌肤里储存的很多热量开始往外冒，这么一来就会出现皮肤发热的问题。上妆困难就是由于肌肤发热造成的，因此等到肌肤向你发出SOS求救信号，你就要知道一个事实："要是脸上再什么都不用的话就糟了。"这个时候最重要的就是镇静肌肤，解除肌肤炎症。

血液循环差，肤色暗淡无光

体温偏低，体质偏寒造成血液循环差，肤色常常变得暗淡无光。还有，由于不当去角质或双重洁面等，外加的摩擦造成肌肤表面变硬，肤色也比以前更爲淡无光。由于肌肤缺水，代谢也变缓慢，因此脸上到处都是隐藏的色斑。

眼部周围长有鱼尾纹

皮肤角质薄，储水能力变弱，肌肤表面变硬，因此脆弱的眼部周围就很容易受到伤害。肌肤不仅会变得暗沉无光，还会出现褶子般的鱼尾纹。此时，最重要的就是给肌肤及时补充水分。

Part3 在显微镜下确认肌肤状态
充分了解肌肤烦恼的进程

◎ 皮肤很薄的过敏性肌肤开始出现细皱纹

由于摩擦而变薄的表皮层

不当去角质、使用类固醇产品，以及双重洁面这些错误的方法，去除了健康角质的话，就会让肌肤表面变得越来越脆弱。若再进一步严重刺激肌肤，肌肤将会出现过敏问题。

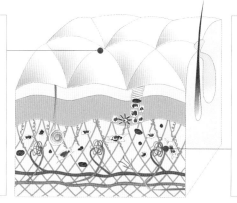

肌肤表面出现小细纹

由于表皮层变薄，水分不足，造成肌肤缺乏弹性，而且由于真皮层的支撑力变差，造成表皮层萎缩，最后产生小细纹。特别是皮肤薄的眼部周围，更容易长小细纹。

〔佐伯肌肤诊断教室〕预测你未来的肌肤老化→细小皱纹

- 小皱纹
- 细纹
- 肌肤暗淡无光
- 呈现紫红色的血液循环差的肌肤
- 大范围的色斑

　　秋季型烦恼肌肤实际上不是敏感肌肤，而是由于"自作孽"造成的敏感肌肤。如果一直持续错误的护肤动作，随着年龄增长，皮肤会慢慢变薄，潮红问题也变得更严重。要是进一步发展的话，皮肤还会呈现紫红色。随着年龄变大，储水力也进一步减弱，肌肤常出现干燥问题。肌肤缺乏透明度，肤色变得暗淡无光，脸色也变差。虽然角质层变薄，可是肌肤表面仍旧硬邦邦的，不仅眼部周围会出现细纹，还会蔓延到整张脸上，就好像把一张薄薄的白纸揉得皱巴巴的。由于肌肤代谢不良，虽然年轻的时候不明显，但随着年纪增大，之前积累的色斑就会突然显现出来。

秋季型烦恼肌肤的倾向和对策

◎ 从"我是敏感肌肤"这种认识中解放出来

把秋季型烦恼肌肤归咎为"自己搞坏自己"也不为过。首先，当你意识到这个事实后，就要从每天的生活习惯开始进行重新审视。

如果一直都在用卸妆油卸妆的话，从现在开始停止吧！用卸妆油洗脸，由于会有黏腻感，清洗次数也必然有所增加。为了去除这种黏腻感，你在无意识里就会过度摩擦肌肤。而且，如果一直用卸妆油卸妆的话，你为了去除卸妆油留下的黏腻感，是不是必须进行双重洁面呢？过度清洁只会对肌肤造成伤害。所以必须停止这个动作。

还有，你是不是会用纸巾擦脸，用剃刀脸部脱毛，或者用手来拍打化妆水，你是不是也会如此这般地给肌肤增加多余的摩擦呢？另外，你有没有由于一时错觉，尝试了去角质或者类固醇类产品？**擦拭、拍打等摩擦或者人工护理这些护肤动作，对肌肤而言是有百害而无一利的。**潮红、发热就是肌肤发出"请不要再这样接触皮肤了"的 SOS 求救信号。

像这样自己虐待自己的肌肤，然后出现很多像是干燥潮红等的表面性问题。如果继续重复这些错误的话，肌肤就会周而复始地出现这些问题，无知的自己就会给自己找借口说"因为我是敏感性肌肤"，然后就会错误地依赖敏感肌肤用的护肤品。最后，从"过度保养"摇身一变成了"什么都不保养"，从一个极端走向另一个极端。

请记住，如果一直怪罪"肤质的关系""护肤品的关系"，肌肤绝对不会变好的。

为了打造健康肌肤，最重要的就是让肌肤镇静

秋季型烦恼肌肤最重要的就是一定要从镇静肌肤开始着手改善，而且你也可以称这种肌肤是最需要使用化妆水面膜的类型。那是因为我们最需要优先考虑的就是能利用水的力量来抑制炎症，然后打造一个能充分吸收护肤品营养的肌肤。而另外，肌肤角质代谢不正常也是一个问题。由于肌肤缺水，皮肤角质层变薄，肌肤表面开始变硬，真皮层也失去健康，皮肤成了既没有"代谢排出的产物"，也没有"促进代谢的能量"。此时请先不要沮丧，即使已经是这种类型的肌肤，你也可以通过化妆水面膜，将水分有效地直达肌肤深层。

另外，很多人由于肌肤角质很薄，会害怕进行角质护理。这样一来就会出现反效果。如果下功夫认真对待去角质的工作，不仅不会对肌肤产生负担，还能深层清洁肌肤。试着使用下面我推荐的"每周一次的深层清洁法"吧。

附带说明一下，如果到了初秋，突然觉得皮肤变干燥的话，那是由于从春天到夏天你一直没有意识到皮肤干燥，一直忽视保湿护理造成的恶果。实际上这也是非常大的陷阱。千万不要误以为自己皮肤状态很好就偷懒了事，一整年你都要切切实实注意保湿，充分注意打造健康肌肤，进行正确护理。

早

秋季型烦恼肌肤基本的护肤对策

◎ 利用水的力量镇静皮肤，让肌肤变得更贴合粉底

由于秋季型烦恼肌肤常常会出现伴有发热的肌肤炎症，因此很多人会有上妆困难的苦恼。在早晨的护肤中，首先要让皮肤镇静下来，然后创造出能够更好贴合粉底的肌肤条件。

首先，要从能够充分保留肌肤水润的洗脸开始。如果昨天抹的护肤品已经全部吸收光了，你早上只要用清水洗脸就足够了。注意洗脸时不仅不能过度夺走肌肤水分，还要尽可能地不摩擦肌肤，因此请注意尽可能温柔地洗脸。

然后，就是要敷化妆水面膜。化妆水面膜中通过水的力量来镇静肌肤的效果非常出色。让水分直达肌肤深处，缓解肌肤炎症吧。如果觉得自己肌肤干燥，可以选择保湿化妆水；如果觉得自己皮肤潮红、发热或者暗淡无光的话，可以选择美白化妆水。

对于那些缺乏能量的秋季型烦恼肌肤来说，能够将营养送到肌肤深层的精华液也能够发挥重要效果。和化妆水一样，可以根据不同类型进行选择，保湿或美白型的都可以。

另外，乳液或乳霜不仅在你能够意识到肌肤干燥的秋冬季节需要，在春夏季节也是一样需要的。有些人认为防晒霜有刺激，就想省略不用防晒霜，这种观点大错特错。正因为肌肤已经受到严重伤害，变得非常脆弱，我们才说防晒霜是保护肌肤必不可少的一个步骤。

基本的护肤对策

步骤	类型	目的
洁面	清水洗	选择不会夺走肌肤水分的温水进行清洁。为了不对肌肤造成负担，清洁重点就是双手要以横向打圈的方式，从中间朝两侧地洁面。对于容易出现炎症的肌肤来说，特别注意不要过度摩擦。
化妆水面膜	保湿或者美白	发炎的肌肤要用化妆水面膜充分补水，让肌肤得以镇静。化妆水可以根据你最在意的问题进行挑选，如果肌肤粗糙、干巴巴，可以选择保湿型；如果肌肤潮红、发热、暗淡无光，可以选择美白型。
精华液	保湿或者美白	对于那些修复速度度慢的秋季型烦恼肌肤来说，要选择能够将能量传递到肌肤深层的精华液。可以选择使用保湿型或者美白型，多花一点小心思让精华液充分吸收。
乳液·乳霜	按照目的区分	对于出现干燥问题的秋季型烦恼肌肤来说，在补水的同时，还必须使用作为保护盖的，能够咻地一下直达肌肤深层的乳液或者乳霜。像是皮肤松弛、皱纹、色斑等，要根据自己最在意的肌肤问题进行挑选。
粉底+防晒霜	粉底液	由于担心肌肤敏感就省略防晒霜的做法是会有反效果的。哪怕为了防止色斑和肌肤暗沉，你也必须用防晒霜。但是可以选择 SPF 值低的产品，也可以选择具有 SPF 效果的乳液。挑选能够防止肌肤干燥的粉底液是最理想的选择。

● 40 岁之后追加的项目

眼霜		对皮肤角质层很薄，眼部周围很容易长小细纹的秋季型烦恼肌肤来说，是必须用眼霜的。从内眼角开始，沿着外眼角轻轻地涂抹到太阳穴为止。

秋季型烦恼肌肤基本的护肤对策

◎ 修复那些能够充分吸收护肤品的"肌肤能力"

对于已经过敏的秋季型烦恼肌肤而言，你最优先要做的，就是在夜间护理中让炎症得到镇静，让肌肤恢复到正常状态。

洁面时，我推荐你使用那些不会过度摩擦的，不刺激肌肤的，能把脸温和地洗干净的卸妆乳。注意不要用力擦拭脸部，避免让炎症问题加重，可以用温水轻柔地洗干净，或者用化妆棉擦干净。

晚上也要做化妆棉面膜，用化妆水的力量镇静肌肤。和早上一样，可以根据不同的肌肤烦恼类型来选择使用保湿型化妆水，还是美白型化妆水。通过给已经变薄变硬的肌肤补水，来缓解干燥、潮红、发热问题，让肌肤重回果冻般透明的状态。

针对秋季型烦恼肌肤常出现的代谢紊乱问题，是需要从体内开始促进正常代谢。肌肤整体变差，缺少吸收护肤品的能力，因此通过精华液让营养直达肌肤深层，给真皮层补充能量是非常重要的。根据自己出现的不同倾向问题，选择保湿型精华液或者美白型精华液。使用的时候要花点小心思让精华液能够直达肌肤底层。

另外，为了牢牢锁住补充进去的水分，必须使用像是保护盖般的乳液。自己要明白对于那些长了小细纹的肌肤而言，这是绝对不能省的一个护肤步骤。

对于那些容易长细纹的眼部、颈部，你也不要忘记使用专用护肤品哦。

晚 基本的护肤对策

步骤	类型	目的
洁面	乳液类	要避免使用那些会助长肌肤问题的卸妆油，选择能够保持肌肤水润的卸妆乳。用手温热后，抹在脸上的五个位置，为了不给肌肤造成负担，要轻轻地涂抹开，然后用已经用水浸湿后的化妆棉将卸妆乳擦干净。
化妆水面膜	保湿或者美白	和早上一样，用化妆水面膜给已经发炎的肌肤充分补水，使肌肤得以镇静。化妆水可以根据你的肌肤问题类型选择，肌肤干燥选择保湿型；肌肤潮红、发热、暗淡无光可以选择美白型。
精华液	保湿或者美白	对于那些修复缓慢的秋季型烦恼肌肤来说，要选能够将能量送到肌肤深层的精华液，可以选择使用保湿型或者美白型。若早上选择了美白型，晚上就可以选择保湿型精华液。
乳液·乳霜	按照目的区分	对于出现干燥问题的秋季型烦恼肌肤，在补水的同时，还必须使用作为保护层的，能够直达肌肤深层的乳液或者乳霜。像是皮肤松弛、皱纹、色斑等，如果针对自己肌肤问题进行挑选，肌肤很快就能得到改善。

● 40 岁之后追加的项目

| 眼部护理 颈部护理 | | 对于那些皮肤角质层很薄，容易长小细纹的秋季型烦恼肌肤来说，在眼部和颈部周围，必须用专业护肤品进行护理。对颈部肌肤来说，涂抹颈霜并配合做按摩，是打造无龄美肌的重点。 |

确实有效的精华液对策

精华液是护肤的正餐。但是，不管再怎么好吃，需要的地方没照顾到，那就是毫无意义了。为了能让精华液的功效 120% 地超常发挥，你可以先用手掌温热后再均匀地抹在全脸上，特别是眼唇周围等细节处也要照顾到。最后为了直达肌肤深层，你再用指腹轻轻按压全脸就完美了。

1
用手将精华液温热后再抹脸上

用手掌温热精华液后，将其点在额头、两颊、鼻子、下巴五个位置后均匀地涂抹开。要注意的是如果你没有事先点在五个位置上而是直接涂抹的话，用量上会有多有少，出现偏颇。

2
眼睛下面也要仔细涂抹

涂精华液时，很容易忘记眼睛下方的眼袋部位。而恰恰这个位置很容易出现干燥，因此要用指腹仔细涂抹。然后将指腹上残留的精华液轻轻地抹在上眼睑上。

3
用指腹将精华液压到肌肤深层

精华液涂满整张脸后，还要加一个压的动作。为了不摩擦肌肤，千万不要拉扯、拍打皮肤，也不要用手指打圈，用指腹慢慢地施压才对。

发生严重问题前的按摩眼眶周围肌肉对策

秋季型烦恼肌肤不仅角质层薄，还存在缺水的问题，因此眼部周围常出现褶皱状的鱼尾纹。如果放任不管，就会变成深层皱纹，肌肤也将变得暗淡无光。问题进一步严重的话，还有可能加速肌肤老化，因此必须马上解决。但要注意的是，如果眼霜仅是涂抹的话，效果会减半。必须同时对眼部轮廓进行按摩，能让眼霜效果加倍。

1
将眼霜涂在太阳穴到眼角的五个点上

用中指取米粒大小的眼霜，稍加温热。从一只眼睛的下方太阳穴开始，涂抹到内眼角为止。太阳穴是为了支撑眼尾不让其发生下垂的部位，因此涂抹要特别仔细。另一只眼睛也一样。

2
轻轻按压眼部下方轮廓

使用双手食指、中指、无名指指腹的第一关节部位。用手指沿眼尾到内眼角的顺序慢慢点压。到了眼角后不要折返回来，而是从眼尾重新开始。重复3次。

3
通过钢琴按摩来刺激眼部

用手指尖像弹钢琴般地进行点敲式按摩。不仅是要刺激眼部下方，还要刺激太阳穴到外眼角部分。这能促进淋巴液循环。用自己感到舒适的力度轻轻按摩。

4
轻轻按压眼部上方轮廓

用双手的大拇指贴着眉骨下方的凹陷部分，轻轻地向斜上方挤压，沿着眉头慢慢推向眼尾部位。注意不要挤压眼球和眉毛上方的骨头。

Part6　每周一次的护肤　90天变漂亮的美容术

角质层薄、皮肤干巴巴、潮红、发热……因为出现这些问题，秋季型烦恼肌肤者常常认为自己是敏感肌肤。因此很多人都抱着"自己是敏感肌肤不需要正常的护理""一些护肤品会让我的敏感状态变严重"的想法，尽可能避免磨砂角质护理。

但实际上这个类型的肌肤更需要磨砂护理。为什么？因为对于已经发炎的秋季型烦恼肌肤，有个问题就是要防止肌肤废旧角质不停堆积。这样一来肌肤表面就会变硬，辛苦抹上的保养品也没办法充分吸收。

值得庆幸的是，市面上最新推出的磨砂膏，有些磨砂颗粒已经处理成圆形，有些则制成超微粒子，这些磨砂颗粒不会对肌肤造成伤害。

而且，我推荐磨砂膏和洗面泡沫混合的方法来去除角质，将已经充分起泡后的洗面奶以 1 ：1 的比例与磨砂膏进行混合，这些泡沫就能在肌肤之间形成一个缓冲层，就不会对肌肤产生伤害。

在去除角质时，要注意手指和手腕不要用力，只要感到手指和皮肤之间存在磨砂颗粒即可，千万不要拉扯肌肤而是轻轻地用手指打圈。如果你照着镜子慢慢做的话，力道还可变得更轻。

磨砂膏和洗面奶 1 ：1 混合
如果单独使用市面上卖的磨砂膏，有可能对肌肤的刺激太大。因此，建议将一粒珍珠大小的洗面奶充分起泡后，加入同样大小的磨砂膏一起使用，就会减少对肌肤产生的负担。

1 特别注意鼻翼两侧

充分起泡后的洗面奶和磨砂膏1：1混合。抹在额头、两颊、鼻子、下巴五个部位后，用手掌涂抹开。对于皮脂分泌旺盛的鼻翼两侧，要用指腹继续按摩。

2 嘴角两侧也要仔细做磨砂护理

嘴角两侧常常会堆积污垢，如果放任不管恐怕就会成为你长皱纹的原因。如果用了磨砂膏，就能解决皮肤硬邦邦的问题，皱纹也很难长出来，对精华液的吸收力也变好了。

3 眼尾要特别注意

上眼皮绝对不能用磨砂膏，但眼尾很容易堆积废旧物质，因此绝对不能忘记眼尾部位。用一只手按住太阳穴，用另一只手轻轻地用画大圆圈的方式进行磨砂。

4 发际线干净才是关键

发际线是每天清洁中很容易疏忽的部位。清除掉发际线的污垢或者暗沉后，整张脸就会给人很干净的感觉，而且肌肤的透明感会大大提升，因此千万不要忘记认真清洁发际线部位的肌肤。

Part7　季节护肤　"发冷"使秋季型烦恼肌肤进一步恶化

从问题很少的春天开始一直到夏天为止，都要慎重对待

春天开始一直到夏天，由于没有很强烈地感到皮肤干燥，很多人都会误以为自己肌肤状态很好，对护肤也很容易马虎了事。但往往正因为你的这个疏忽，才导致初秋时的肌肤干燥。

而且，秋季型烦恼肌肤的人一到夏天就拼命喝冷饮，在空调房里不断地让身体变冷。这样一来，从冷风来袭的秋天开始，皮肤红肿发热的问题也会急速恶化。如果只着眼于这个时期的肌肤，问题是无法解决的。首先要思考在前面的季节里肌肤的状态，再慎重地选择护肤方式。

秋天到冬天时，用泡澡改善体质

对于那些原本就体质偏寒的，不怎么出汗的秋季型烦恼肌肤者来说，建议用泡澡来温暖身体。泡澡对促进血液循环、帮助发汗都是非常有效的。但是，由于肌肤出现红肿发热，很多人都不愿意泡澡，而是喜欢用淋浴的方式，实际上反倒起了反效果。

应当用温水好好地做个半身浴，让体内变暖，身体就会慢慢地排汗，还能激活汗腺机能。而且只要你最后才洗头洗脸的话，也就不用太担心皮肤红肿发热的问题了。在泡澡前先用水打湿双脚，也能达到保暖效果。就像这样稍稍花点心思，就能从根本上改善红肿发热、肌肤暗沉等秋季型皮肤问题的体质。

你知道粗暴的脸部脱毛
会加速肌肤老化吗

　　有些人追求没有汗毛和毛孔的光滑美肌，但是实际上杂志和海报照片上看到的那些零毛孔肌肤，都是通过后期 PS 的，看上去就好像机器人的皮肤。大家首先要有这样的认知，那就是人类是用汗毛和毛孔来保护自己的肌肤和身体的。如果把这些全部去掉的话，肌肤和身体就变成毫无防备了。尤其是用剃刀刮那些长满重要神经以及淋巴结的耳朵周围，身体为了保护自己，肌肤就会变硬缩紧。变硬后的肌肤就出现血液循环不良，也无法吸收营养，然后就会出现不必要的毛孔下垂、色斑、皱纹等问题。如果真的有脱毛的需求，也请交由专业人士来进行，以避免不必要的肌肤损害。

特别护理　20、30岁的缺水，40岁以后的油脂不足

◎ 30 岁时，要和缺水绝缘

　　20 岁的干燥以及小细纹，很大程度上是受饮食习惯的影响。还处在成长期的 20 岁左右的皮肤，按道理是不可能为干燥或者小细纹苦恼的。但是由于肌肤原本自主调控肌肤水分和油脂的生物机能遭到破坏，20 岁左右的年轻皮肤也开始出现这些问题。**因此请痛下决心改掉不好好吃饭、不及时摄入水分的坏毛病吧！**

　　30 岁的小皱纹、潮红、发热、色斑、肌肤暗淡无光，应该说是 20 岁时的问题进一步恶化后肌肤发出的危险信号。干燥产生的细纹如果恶化就成了红肿，再恶化皮肤就成了紫红色，继续恶化就形成色斑，还有的会出现肌肤发热……**所有这些问题都是由于肌肤缺水造成的，也就是说要从充分补水、抑制炎症着手解决。**这些肌肤问题如果不在 30 岁解决，等到 40 岁、50 岁时再想修复就非常困难了。

　　40 岁出现上妆难、川字纹的问题就不光是缺水引起的了，还有油脂分泌不足的原因。**如果出现上妆困难，或者脸上开始出现川字纹，这就意味着肌肤缺水已经相当严重了。在护肤时，还要均衡地补充能够充分锁住水分的油脂。**

　　50 岁除了上妆难、川字纹外，还会出现肌肤发热的问题。这时只有拜托专业人士来进行护理了。你可以认为是给自己的褒奖，给肌肤做投资吧。

〔佐伯肌肤诊断教室〕

双脚漂亮的女性看上去就是美女
佐伯式脚部护理

用搓澡手套来解决脚部发黑问题

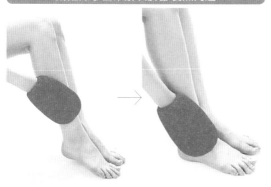

**轻搓容易变粗糙的
膝盖下方部位**

对于那些担心出现肌肤粗糙和黑色沉淀的膝盖下方部位，可以用充分打湿后的搓澡手套轻轻搓洗。

**用打圈的方式按摩
变硬的脚踝**

对于容易长茧的脚踝部位要用打圈的方式进行按摩，去除废旧角质。

磨砂清洁脚趾间、
趾甲周围

用全棉手套清洁脚部细节

将100%的全棉手套打湿，倒上磨砂膏后清洁脚部。脚趾间和趾甲周围也要认真清洁。

用铝纸让脚部变得光彩夺目

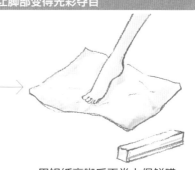

**在湿润的足部涂上
保湿软膏**

在洗好澡后的湿润脚上抹上足够的保湿软膏，让软膏变成和水分充分混合的乳液状。

用铝纸裹脚后再卷上保鲜膜

将软膏从脚指甲到脚踝全部涂抹均匀，用铝纸包住整个脚，再用保鲜膜包好做个足膜，打造光彩夺目的双脚。

Part9 SOS护肤　让红肿冷却消退的紧急冰敷

◎ 甚至会影响化妆的红肿发热……
为了尽快让皮肤得到镇静，你必须学会冷敷对策

秋季型烦恼肌肤的炎症加重，红肿也会变得严重。这个时候，如果不让肌肤镇静下来，红肿是没办法得到缓解的。而且，对女性来说，脸部发热、上妆困难都是由于压力过大造成的皮肤问题。当然，我们必须试着从根本上进行改善，但是情况紧急严重时，最好还是事先知道紧急修复的方法。

紧急修复红肿发热的方法就是冷敷。

非常简单。首先将毛巾打湿后拧干，然后用保鲜膜包起来，放在冰箱里。如果需要冷敷全脸的时候可以把毛巾折得大一点，如果仅需冷敷两颊等部位时可以把毛巾折得小一点，然后只需要把毛巾直接贴在脸上即可。冷敷能镇静肌肤，很好地治疗肌肤红肿发热问题。

如果没时间用毛巾进行冷却的话，用冰块也是一种方法。将手掌大小啫喱状的水袋冻成冰袋，然后用保鲜膜包好直接贴在皮肤上。

要是肌肤红肿发热进一步加重的话，我建议你可以把冰袋放在塑料袋里随身携带，需要的时候就能立刻冷敷了。由于冷敷还有收缩毛孔的效果，因此如果在早上洗脸后进行的话，还能延长妆容的保持时间。

◎ 修复肌肤红肿和发热：冷敷对策

冷敷在抑制红肿和发热的同时，还能取得惊人的放松效果。早上，在洗脸后进行，可以延长妆容的保持时间，还能让自己心情变舒畅。同时冷敷可以刺激、激活真皮层。不仅在肌肤发出 SOS 求救信号时需要进行冷敷，还可以试着在每天早晚的护理中都使用这个护肤的好办法。

在家里

用保鲜膜包好的冰块代替冰袋

将手掌大小的冰块用保鲜膜包起来，在脸上一点点移动的同时，轻轻按压肌肤，冷却全脸。为了不让冰块伤害肌肤，半球形是最理想的形状。

在外面

**将保冷剂用棉质手帕包好后
边擦汗边冷却肌肤**

将用棉质手帕包好的保冷剂轻轻贴在脸上按压，使肌肤表面得到冷却。由于多余的汗水可以被棉质手帕吸收掉，因此在运动或者洗完澡后，用这个方法镇静肌肤是非常有效的。

Part10 通向佐伯千津的美人肌之路
保冷剂是红肿发热的皮肤SOS
时的救世主

很多在寒冷地方长大的人都有"脸红身体冷"的毛病。在寒冷季节，从外面进到温暖的屋子里时，内外温差成了导火线，虽然双脚冰凉，但是脸部和耳朵却一下子变得通红。这是由于毛细血管活动开始变缓慢造成的。这种情况多发于室内外温差大的酷暑和寒冬季节。

对于这种 SOS 时期，随身携带保冷剂，随时给脸部降温。可以将在买冰淇淋或生鲜食品等附带的小保冷剂先保存在冰箱里。冷冻后用棉质手帕包好，放在带有拉链的塑料袋里，外出时就能随身携带了。随着时间推移，保冷剂慢慢溶化，棉质手帕开始变潮湿。这么一来，不仅可以镇静皮肤发热，还能用来擦汗，真是一石二鸟的好方法。

但是，这里出现的红肿发热都是肌肤的血液循环出了问题。为了能使肌肤切实得到改善，从内部进行根本性的护理，还是非常有必要的。

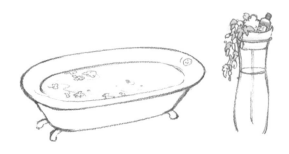

◎ 用生姜茶改善体质
送给双脚冰凉，但满脸通红的你

平时我就非常注意不让身体受凉。

直到现在，我还是可以不穿保暖裤过冬，身体血液循环非常好。

其中的秘诀就是生姜。

在红茶或者牛奶里放入生姜、红糖，再加上矿物质丰富的低聚糖，快乐地度过每一天。

特别是脸颊呈现紫红色、容易发热的秋季型烦恼肌肤者，很多都是虽然脸部发热，但身体却是冰凉的人。

这种下半身寒冷上半身发热，就是所谓的"脸红身体冷"症状。

注意身体的保暖工作，是"美人肌生活"的基本。

Part11　佐伯千津的一问一答

如果连你自己都不知道，我又怎么会知道呢。

你想要的肌肤只有你自己才知道。

请你首先了解自己的肌肤。

为此，你要**灵活运用本书中介绍的肌肤诊断**的方法。

在专柜前，你可以将自己的目的清楚地告诉专柜小姐，你想要变成怎样的肌肤，你想要找什么样的产品。

这个时候，如果专柜小姐用"你是敏感肌肤"等来定义你的肌肤，你就可以说明自己的想法，进一步提出问题。

最重要的是让专柜小姐仔细说明一下，符合自己目的的护肤品的使用方法。

对于**试用装要充分运用自己的五感。**

不同公司的产品要多多比较，如此肯定会找到自己需要的产品。

◎ Q. 化妆水、精华液、乳液等基础护肤品，全部用
　一个牌子的比较好吗

脸就是你的广告牌。

比起品牌，更重要的是你到底需要什么！

选择方法就是根据你希望变成什么样的肌肤，
就应当挑选什么样的护肤品。

- 冬季型烦恼肌肤一到冬天，常常出现肌肤干燥的问题，有时还会为了肌肤僵硬缺乏弹性而烦恼。

- 要防患于未然，从护肤的正确答案，到每个季节护肤注意要点，一次性全部告诉你。

CHAPTER 6

佐伯式
冬季型烦恼肌肤的美容术

再一次确认你的肌肤状态

- 浮粉很严重
- 皮肤变得硬邦邦
- 肤色偏白
- 下巴周围很粗糙
- 皮肤一点也不水水、软软的
- 皮肤缺乏光泽，好像铁锈般的质感

Part1 审视你一直以来的护肤方法
解释说明肌肤烦恼的原因

◎ 比起水分，是不是更应该注意补充油分呢

这些习惯导致你的肌肤烦恼
审视一下你的护肤习惯、生活习惯吧

● 觉得自己夏天皮肤状态好，因此不会花很多时间认真护肤

● 护肤时比起水分，更注重油分

● 选择乳霜等只限于厚重的产品

● 觉得磨砂膏对自己皮肤刺激太强，因此很少使用

● 春夏季时没有把重点放在保湿护理上

● 觉得平常使用的护肤品皮肤吸收不好

● 为了给肌肤补充营养，常常饮用健康饮料

● 常常穿着化学纤维成分的衣服

● 常选择好消化的柔软食物

● 由于体质偏寒，感觉自己的血液循环不好

● 很少出汗

● 体质差，很容易感到疲劳

◎ 代谢紊乱会让厚角质层不停堆积

春夏季采取错误的护肤方法，导致冬季肌肤严重干燥

一到冬天，一定会为了肌肤严重干燥而烦恼，用手触摸感到肌肤干巴巴的，整张脸缺乏弹性。暗淡无光的肌肤，让人觉得缺乏光泽，就像铁锈一样。由于肌肤特别干燥，上妆也很难……有这些问题的肌肤就属于冬季型烦恼肌肤。

这种肌肤在春天和夏天时，很少出现干燥问题，因此很容易误认为自己肌肤状态很好。但是，如果春夏时期护理马虎了事的话，等到冬天这个寒冷的季节，皮肤就会出现代谢紊乱，肌肤表面就会变得又厚又硬。冬季型烦恼肌肤的问题就是由于这个原因造成的。

真皮层弱化，然后引发严重老化问题

由于角质堆积，不停地覆盖在肌肤表面，肌肤变得又厚又硬。护肤品无法渗透到肌肤深层，因此真皮层开始慢慢弱化，最后出现严重的干燥问题。

接着，由于误以为"干燥就是由于缺少油脂造成的"，因此虽然肌肤缺水，但只注意补充油分，这么一来肌肤问题就会越来越严重。于是，小皱纹变成大皱纹，甚至出现肌肤松弛。

另外，由于血液循环不好，肌肤吸收营养的能力减弱，肌肤变得缺乏弹性，又厚又硬的表皮层加速对真皮层的伤害，最后陷入冬季型烦恼肌肤特有的恶性循环之中。

照镜子检查肌肤

确认肌肤烦恼的状况

◎ 一到冬天，皮肤变得又硬又粗糙，缺乏弹性

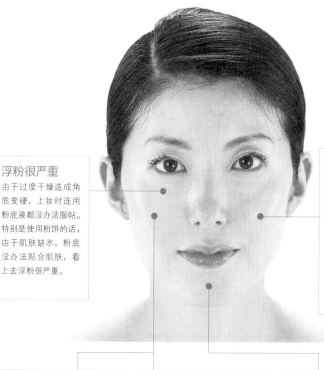

浮粉很严重

由于过度干燥造成角质变硬，上妆时连用粉底液都没办法服帖。特别是使用粉饼的话，由于肌肤缺水，粉底没办法贴合肌肤，看上去浮粉很严重。

皮肤变得又厚又硬又粗糙

对于真正需要水分的肌肤来说，很多人由于"干燥 = 需要补充水分"的误解，错误地使用了厚重的乳霜等，结果角质慢慢地变厚变硬，皮肤自身重量也变重。用手触摸，会觉得皮肤很粗糙。

肌肤缺少张力和弹力，还硬邦邦的

由于表皮层缺乏张力，真皮层缺乏弹力，肌肤整体都给人以萎靡不振的感觉。因此，当用手触摸肌肤时，会觉得肌肤僵硬，给人一种疲惫不堪的沧桑感。如果放任不管，真皮层就会慢慢失去能量，整个肌肤变脆弱，最后还会产生严重的皱纹。

缺乏光泽，肌肤铁锈般的质感

由于肌肤缺水又缺油，废旧角质层不停堆积，因此肌肤表面不光滑，而且还暗淡无光。肌肤缺乏张力和弹力，整个肌肤呈现铁锈般的质感。由于缺乏光泽，还会给人衰老的印象。

下巴周围很粗糙

由于肌肤缺水，真皮层也出现能量不足、血液循环差的问题，因此易发肌肤代谢紊乱的冬季型烦恼肌肤是很容易在全脸长色斑的。下巴部分的角质层特别容易出现堆积，因此很多时候用手一摸就会觉得肌肤格外粗糙。

Part3 在显微镜下确认肌肤状态
充分了解肌肤烦恼的进程

◎ 角质层过厚以及真皮层受伤的双重打击

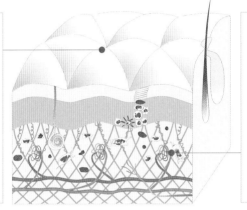

由于角质层肥厚，肌肤表面变得又厚又硬

由于护肤方法错误，肌肤在缺水的状态下迎来寒冷的季节。为了让肌肤抵挡寒风刺激，角质层就会变得又厚又硬。此时的肌肤缺乏柔韧性，用手一摸感觉肌肤又硬又粗糙，皮肤容易长出深皱纹。

失去弹力、变脆弱的真皮层

肌肤表面变得又厚又硬，哪怕抹上护肤品也没办法到达肌肤深层。由于肌肤代谢停滞，真皮层也慢慢变弱。如果持续放任不管，不知不觉中肌肤就会开始加速老化。

〔佐伯肌肤诊断教室〕预测你未来的肌肤老化→肌肤松弛

- 褶皱状的皱纹
- 干燥
- 暗沉
- 肌肤松弛像沙皮狗一样
- 严重的肌肤红肿

　　连真皮层也受到伤害，比秋季型烦恼肌肤问题更严重的就是冬季型烦恼肌肤。随着年龄增长，肌肤不仅慢慢开始变干燥，而且随之而来还会常常出现红肿、暗沉的问题。由于肌肤缺水，皮肤上还会出现像是衣服没有熨烫好的褶皱状下垂的皱纹。而且，如果进一步恶化，连真皮层也受到伤害后，肌肤就会像沙皮狗一样的松弛。由于真皮层失去支撑力，无法支撑又厚又硬的角质层的重量，就会出现好像硬纸板折叠后的皱纹。如果发展到这一步，想恢复原状就非常困难了，因此还是趁早进行正确的护肤为好。

冬季型烦恼肌肤的倾向和对策

◎ 一疏忽皮肤问题就变严重，全年保湿无休

肌肤变得又厚又硬又粗糙，而且由于肌肤深层的能量不足，皮肤失去代谢能力。这种和老化只有一步之遥的危险肌肤就是典型的冬季型烦恼肌肤。

到底为什么会变成这种肌肤呢？最大的原因就是在春夏季节里的疏忽。在很难察觉到肌肤干燥的季节中误以为"春夏季节自己的肌肤状态很好"，完全忽视自己肌肤的弱点，对保湿功课也偷工减料。这么一来肌肤慢慢变差，等到冬天冷风一吹，所有问题就都暴露出来了，你才开始为了"皮肤干燥很严重"而慌张。如果这种情况每年周而复始的话，肌肤就会过早发生老化。

快开始改变观念吧，要知道冬季型烦恼肌肤者必须全年保湿功课无休！

舒缓肌肤表面，激活从肌肤深层开始，必须护理双重通道

为了拯救冬季型烦恼肌肤，你要做的就是同时护理来自肌肤表面的通道和来自肌肤深层的通道，也就是说，必须同时对表皮层和真皮层进行护理。

首先，是护理来自肌肤表面的通道。

对于变得又厚又硬的角质，要用化妆水面膜充分补充水分。这样可以帮助肌肤舒缓变柔软，还能让废旧角质脱落。

一说起角质护理，你脑海中首先想到的就是磨砂护理了吧。但是如果角质很硬的话，贸然地去角质，只会过度摩擦肌肤，对肌肤造成伤害。若用力摩擦肌肤，过度去除角质，结果反倒会对肌肤造成伤害。**所以必须软化角质后再进行磨砂护理。**

化妆水面膜可以补充水分，能够提高肌肤弹性和透明感，还能为后续护理打开一个吸收通道。冬季型烦恼肌肤必须从肌肤表面到深层进行踏踏实实的全面护理。

然后就是护理来自肌肤深层的通道。

选择直达肌肤真皮层的保湿型精华液，认真涂抹。对于冬季型烦恼肌肤来说，乳霜护理是非常重要的，一方面是由于皮肤血液循环差，肌肤僵硬，哪怕抹了护肤品，也没办法充分发挥效果。此时护理的重点，就是通过热敷，还有表情肌肉按摩等特殊护理，激活肌肤自身能量。

此外，肌肤粗糙的部位，一接触到紫外线就有可能形成色斑。因此对防晒也决不能偷懒，必须进行万全的防晒对策。

我常常说夏天进行保湿护理，冬天进行角质护理，对于冬季型烦恼肌肤者来说，更要意识到这一点，千万不要忘了时时保养肌肤。

早

冬季型烦恼肌肤基本的护肤对策

◎ 提高保湿 & 血液循环能力，给人健康肌肤的印象

冬季型烦恼肌肤由于过度干燥而造成肌肤表面僵硬粗糙，有的还会有上妆效果不好的烦恼。而且，由于肌肤的血液以及肌肉都不活动，脸上毫无血色，哪怕用粉底遮盖，问题仍旧很严重。对于这种肌肤的早上护理，要尽可能在缓解肌肤干燥的同时，还要促进血液循环。

首先，要在不夺走肌肤水分的同时用清水洗脸。洗脸后，配合热敷，就能从肌肤内部开始，促进血液循环。这么一来，不仅脸色会变好看，还能激活肌肤深层，让后续护肤品吸收得更好。

另外，应对顽固型干燥最重要的就是补水，快做个能够给肌肤充分补水的化妆水面膜吧。对于正在为肌肤干燥而苦恼的冬季型烦恼肌肤来说，保湿型化妆水是最适合的。

精华液也要选择保湿型，让肌肤表面到深层都能够水水润润的。

还有，不仅仅是干燥的秋冬季节，在春夏季节也必须用乳霜。不要选择清爽的乳液，你必须选择能够在肌肤上严严实实地加个盖子的乳霜。而且，你还可以在这个步骤里加上不会对肌肤产生负担的，能够激活脸部肌肉的表情肌肉按摩。

在尽可能打造一个水润肌肤后再抹上粉底。为了能给人一个肌肤充满光泽的印象，我推荐你选择具有保湿效果的粉底液。

早 基本的护肤对策

步骤	类型	目的
洁面	清水洗	选择不会夺走肌肤水分的温水清洁面部。为了不对肌肤造成负担，清洁重点就是双手要以横向打圈的方式，从中间朝两侧地进行洁面。洗脸后，加上热敷，激活肌肤深层。
化妆水面膜	保湿	对沙漠般干燥、僵硬、粗糙的冬季型烦恼肌肤，最重要的护理手法就是用化妆水面膜充分补水，让肌肤舒缓变柔软。请选择保湿型化妆水充分补水。
精华液	保湿	对连肌肤表面都变脆弱的冬季型烦恼肌肤来说，必须选择能够直达真皮层的保湿型精华液，可以选择保湿效果很好的精华液。要多花一点小心思把精华液按压到肌肤深层，给真皮层补充能量。
乳液·乳霜	按照目的区分	对于出现干燥问题的冬季型烦恼肌肤来说，在补水的同时，还必须使用作为保护层的，能直达肌肤深层的乳霜。要针对松弛、皱纹、色斑等不同肌肤问题，挑选不同类型的产品使用。
防晒霜 + 粉底	粉底液	要知道肌肤粗糙最后会形成色斑，因此必须使用防晒霜。防晒霜和乳液混合后，还能提高保湿能力。挑选能够防止肌肤干燥的粉底液是最理想的。

● 40 岁之后追加的项目

眼霜	对干燥、僵硬、还很容易长出鱼尾纹的冬季型烦恼肌肤来说，是必须用眼霜的。要从内眼角开始，沿着外眼角轻轻地涂抹到太阳穴为止。

晚

冬季型烦恼肌肤基本的护肤对策

◎ 从肌肤表面开始，从肌肤内部开始，机能正常化的夜间修复

对一旦放任不管，就极有可能发展成严重老化肌肤的冬季型烦恼肌肤来说，要从表面、深层开始双重护理，要特别注意那些让肌肤修复到正常状态的夜间护理。

保持肌肤表面水润，让肌肤得到舒缓的护肤方法是从清洁开始的。对于干燥皮肤来说，应当选择既有保湿效果的，又能舒缓肌肤的乳霜型卸妆产品。虽然肌肤非常僵硬，但是绝不能很用力地擦拭肌肤。在不要拉扯肌肤的前提下用卸妆霜均匀按摩。清洁后，再加上一个激活肌肤深层的步骤——热敷。

晚上也要做个能够充分补水的化妆水面膜。化妆水可以选择保湿型，让已经变得又厚又硬的肌肤吸收充足水分。

然后，在用化妆水面膜打造吸收通道后，抹上能够给肌肤深层补充能量的，让肌肤得到激活的保湿型精华液，为已经变得很脆弱的真皮层导入活力，还能打造肌肤的滋润力、代谢力。

必须使用既能够充分锁住水分，又具有保护盖双重效果的乳霜护理。不要再天真地认为只有冬天才要选择这种厚重的产品，随时和肌肤进行沟通，请慎重选择真正有效果的产品。然后通过按摩表情肌肉来缓解肌肉僵硬，让护肤的效果能 120% 充分发挥。

顽固干燥还会引起深深的鱼尾纹、颈纹，因此不要忘记在眼部和颈部使用专用护肤产品。

步骤	类型	目的
洁面	乳霜类	使用那些能够给肌肤补充水分的同时，能慢慢舒缓肌肤的乳霜型卸妆产品。用手温热后，抹在脸上的五个位置，为了不给肌肤造成负担，要轻轻地涂抹开，然后用水浸湿后的化妆棉将卸妆乳擦干净。
化妆水面膜	保湿	可以通过化妆水面膜进行充分补水，让肌肤变柔软，解决沙漠般干燥、僵硬、粗糙的肌肤问题。选择保湿型化妆水充分补水，打造水润的透明肌肤。
精华液	保湿	对肌肤底层都变脆弱的冬季型烦恼肌肤来说，必须选择能够直达真皮层，保湿效果很好的精华液。为了能够重新打造一个健康的真皮层，千万不要忘了涂抹之后稍稍按压一下。
乳液·乳霜	按照目的区分	对于出现干燥问题的冬季型烦恼肌肤来说，在补水的同时，还必须使用作为保护层的，能够直达肌肤深层的乳霜。根据自己最在意的松弛、皱纹、色斑等肌肤问题挑选，使之很快得到改善。

● 40 岁之后追加的项目

眼部护理 颈部护理	对于那些又厚又硬，又很容易长鱼尾纹和颈纹的冬季型烦恼肌肤来说，眼部和颈部周围必须用专业护肤品护理。对颈部肌肤来说，一边按摩，一边涂抹颈霜，是打造无龄美肌的重点。

早

促进血液循环,让肌肤从内开始充满元气

热敷

对于那些体温低、怕冷、血液循环差的冬季型烦恼肌肤者来说,从内部温热身体,像使用热毛巾这种不管什么时候都能轻松进行的热敷护理是非常有效的。不仅仅是脸部,还能温热整个身体,像是后脑勺、背脊等,然后激活全身。所以,现在就开始学会热敷吧,它不但能够缓解肌肉酸痛,促进血液以及淋巴循环,还能提高对护肤品的吸收能力。

1	2	3
将保鲜膜包裹的热毛巾绕在脖子后面	**将保鲜膜包裹的毛巾贴着背部**	**将温热的毛巾贴在耳朵根部**

将保鲜膜包裹的热毛巾绕在脖子后面,从颈部到肩部进行充分加热。可以促进血液循环,缓解肩部和颈部僵硬,让脸部皮肤充满光泽。

将保鲜膜包裹的毛巾拉直,一端贴着后脑勺,一端贴着腰部,使脊椎周围都变得温热。这样可以提高新陈代谢,还能让自己放松。

用温热的毛巾温暖耳朵前后部位,促进淋巴循环。如图片所示,将毛巾事先缝成连指手套状,用起来就会更方便些。

松弛紧绷的肌肉
表情肌肉按摩

　　肌肉僵硬的话，很容易出现深皱纹或者肌肤松弛等严重问题。等到这个时候，不管抹多贵的护肤品，肌肤都已经无法吸收了。对代谢缓慢的冬季型烦恼肌肤而言，如果在进行热敷的同时加上表情肌肉的按摩，就能让肌肤从深层得到激活。注意按摩时不要过度拉扯肌肉，或者揉动肌肤，而是按压重点部位。

1	2	3
用手掌推脸颊	**双手横着往后伸展**	**斜向上拉**

用双手中指分别同时贴着左右太阳穴，双手大拇指分别贴着左右耳朵后面的凹陷部位，双手掌包着整个脸颊，朝内轻轻按压。

手掌慢慢地水平方向往后拉。注意不要仅仅拉扯皮肤，还要如Step1所示的，横着朝脸颊部后侧方向拉。

如Step2所示的，手掌横着贴着脸部，斜向上拉。不仅仅要拉伸皮肤，还要拉伸到肌肉。这样对防止肌肤松弛很有效果。

每周一次的护肤　90天变漂亮的美容术

◎ 表皮层和真皮层的双重特殊护理
扼杀皮肤老化萌芽的磨砂 & 乳霜护理

通过针对表皮和真皮层的双重修复方法，在帮助肌肤正常化的每日护理外，还要再加特殊护理，就能帮助冬季型烦恼肌肤更快地得到改善。

首先，针对表皮层的护理中加入每周一次的磨砂护理是很有效果的。由于废旧角质堆积而变得又厚又硬的肌肤表面，通过化妆水面膜充分补水后，肌肤就会泡得软软的。之后再行磨砂清洁，就能在不给肌肤造成负担的前提下去除角质。这时，在充分起泡后的洗面奶里加上磨砂膏，为肌肤做一个缓冲，这么一来就能更轻柔地用磨砂去角质。通过去除多余角质，让肌肤细胞代谢正常化。如果一直坚持用这种正确的方法去角质的话，就会延缓长皱纹的时间。

另一方面，在针对真皮层的护理中加上乳霜面膜美容法吧。这对真皮层活力变弱后而失去弹性的冬季型烦恼肌肤来说，是非常有效果的。由于肌肤缺水又缺油，在洗脸后要立刻抹上足够多的、能够保持肌肤水润的乳霜；然后再通过化妆水面膜加上个"水盖子"，这种乳霜面膜的效果可以说是相当的惊人。不过，这是一种非常奢侈的方法，因此如果过于频繁地进行，反倒会给肌肤添加负担。建议你可以在两次磨砂护理之后，使用一次乳霜面膜，也就是两周一次的频率就足够了。

◎ 打造光泽肌肤：特殊的阻断皮肤老化护理两步骤

每周一次的磨砂护理

1
特别注意鼻翼两侧

在充分起泡后的洗面奶中加入同分量的磨砂膏，抹在额头、两颊、鼻子、下巴五个部位后，均匀地涂抹开。然后，用指腹继续按摩皮脂分泌旺盛的鼻翼两侧。

2
脆弱的眼部周围，只要对外眼角认真护理

上眼皮绝不能用磨砂膏。但外眼角很容易堆积废旧物质，因此绝对不能忘记外眼角。用一只手按住太阳穴，另一只手轻轻用画大圆圈的方式进行磨砂。

3
不要忘记别人常常看到的耳朵后面

按住耳朵，在耳朵背面以及后面根部也要抹上磨砂膏。这样哪怕头发全部梳起来时，也会给人一种美人肌的印象。

严格挑选那些能够直达肌肤真皮层的高机能乳霜

冬季型烦恼肌肤由于缺水又缺油，常常连真皮层也会变得干巴巴的。在那些保湿效果卓越的，针对皱纹或者松弛等不同肌肤问题的高机能乳霜中，你可以特别选择那些直达真皮层类型的使用。

乳霜面膜美容法

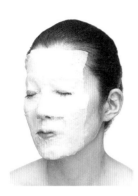

1

全脸抹好乳霜后，再做化妆水面膜

用手掌将乳霜温热后，均匀地抹在整张脸上，再用化妆水面膜做个"水盖子"。

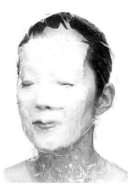

2

脸上盖上保鲜膜，发挥蒸汽效果

分别在上半张和下半张脸上轻轻地盖上两张保鲜膜。由于在保鲜膜里，体温会升高，就能产生蒸汽效果，让乳霜浸透肌肤深层。

3

将残留在肌肤表面的乳霜涂抹开

覆盖3分钟后，将保鲜膜和化妆棉取下。肌肤表面残留的乳霜用手掌边按压，边均匀地涂抹全脸。

季节护肤　冬季型烦恼肌肤用 "春夏的乳霜"保护肌肤

Part7

春天到夏天，绝对也要用乳霜

冬季型烦恼肌肤，从春天开始一直到夏天这段时间，一般察觉不到肌肤干燥的问题，很容易误以为"自己皮肤状态很好"。与从开始变干燥的秋天到第二年春天的这段时间里，喜欢使用厚重乳霜的习惯不同，春夏时节很容易偷懒，反倒不用乳霜。但是，春夏时期肌肤深层已经变得干巴巴了，你的这个疏忽只会引起秋冬季节严重的皮肤干燥问题。

秋天到冬天，中途突然选择厚重的乳霜，是非常危险的

从秋天开始到冬天这段时间里，寒风来袭，肌肤突然变干燥。这个时候，很多人都会犯一个错误：随着年龄增长，越来越依赖厚重的护肤品。但是，哪怕突然开始使用昂贵的乳霜，如果肌肤表面没有用水分滋润的话，不管你是用多贵的产品，都是没办法发挥效果的。而且，<u>有些人等察觉到肌肤缺乏弹性后，就会拼命热衷于补充胶原蛋白或者氨基酸这种健康饮品、保健食品等所谓的"内在美容"。但光凭这个，肌肤是不会变健康的。</u>快停止这种"只要选择厚重产品就好"的简单想法，从现在开始让护肤回到原点吧。你首先要充分了解肌肤水油平衡的原理，然后才能做出正确的选择。

---

40 岁以后，美人肌肤的特殊护理

3月 比起美白型精华液，更重要的是保湿型精华液
冬季型烦恼肌肤通过保湿型精华液也能进行美白。只要皮肤水润就能形成透亮的肌肤。

9月 进行密集型精华液护理
对真皮层进行彻底的密集型护理，提升肌肤底子是最重要的。

真皮层的密集型精华液对策

对真皮层变弱的冬季型烦恼肌肤来说，在换季时节，为了激活真皮层，储存足够能量，需要充分利用密集型精华液，其中保湿型精华液是最理想的。40 岁以后的冬季型烦恼肌肤者，请选择以对抗老化为目的的高机能密集型精华液吧。

紧紧抓住那些废旧角质，营养无法送达真皮层

由于代谢无法顺利进行，角质层变得又厚又硬，哪怕抹再多再昂贵的护肤品也没办法渗透。对真皮层的损伤越来越大，如果放任不管的话，肌肤就会渐渐松弛得就像是沙皮狗般。对真皮层慢慢变得脆弱的冬季型烦恼肌肤来说，重要的护肤步骤绝不能偷懒，必须坚持不懈地进行正确的护理。

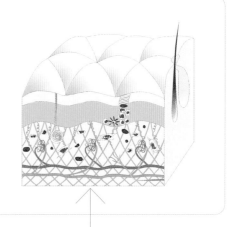

保湿型精华液

选择一个能够在两周时间内，仅在夜间集中进行的适合自己的精华液吧。50 岁以后，最好在每个换季时节都使用密集型精华液进行护理。

Part8 特别护理　只有冬季型烦恼肌肤才懂的角质护理

20 岁的肌肤潮红、角质又厚又硬问题，代表了你需要重新审视自己饮食生活以及生活习惯中的不当之处。

30 岁的肌肤暗淡无光、僵硬、像是铁锈般的质感，是由于肌肤水油不平衡造成的，代表了你必须要正视肌肤的内在问题，改正"使用越贵产品越好"的想法。

40 岁的肌肤一旦变得很硬，那么不管你抹什么护肤品，肌肤都没办法吸收了，试试"冬天才需要的角质护理"吧。还有，50 岁的肌肤僵硬、长皱纹、松弛，这些问题还是交给专业人士吧，光靠自己护理的话，修复肌肤要花费很多时间。

◎ 称为美人的条件就是柔软的让人想触摸的身体

佐伯式利用磨砂膏打造闪亮的身体

1 就像是掐脖子似的进行按摩

手上取适量磨砂膏，掐脖子似的从脖子中间一直按摩到耳朵下面，然后同样的按摩到肩膀为止。左右交替进行。

2 从后颈到肩膀，用手掌进行按摩

后颈、整个肩膀都抹上磨砂膏后进行按摩。平常这些部位很容易疏忽，肌肤会变得粗糙，因此要特别认真护理。

3

从上臂开始到胳膊肘为止，从上往下进行抚摸

手掌紧贴在上臂，从上往下进行抚摸，左右各重复5次。

4

去除胳膊肘处变僵硬的角质

用手掌包住整个胳膊肘，以画圆圈的方式进行按摩。由于该部位很容易变硬，因此要特别仔细按摩。

5

从手肘按摩到手腕

抓手腕似的，用整个手掌进行按摩，沿着一个方向按摩是关键。

6

清洁手指甲、手指间隙

轻柔地将常使用的手部位置清洁干净，手指、手指间隙也要进行按摩。

7

打造天使的翅膀

后背、肩胛骨是很容易变黑、长小疙瘩的部位，在搓澡巾上抹上磨砂膏后进行清洗。

8

从大腿根开始到臀部进行清洁

将毛巾贴着大腿根，一直拉到臀部的理想高度为止，来回左右清洗。

Part9 SOS护肤　对付严重干燥，最简单有效的蒸脸技巧

◎ 缓解肌肤的又硬又粗糙　从肌肤表面到深层慢慢地补水

如果对冬季型烦恼肌肤的干燥问题放任不管的话，就会引起严重皱纹。**为了避免皱纹的产生，必须先采取紧急的 SOS 护理，那就是通过蒸脸，从肌肤表面到深层，慢慢地充分补水，缓解僵硬的肌肤。**

蒸汽在温热肌肤的同时给肌肤补水。因此通过简单蒸脸技巧就能同时给肌肤表面和肌肤深层进行保养。这对于干巴巴的冬季型烦恼肌肤来说，是非常高效的护理。

蒸脸的方法很简单，在早上护肤前进行也是很有可能的。这样水分就能慢慢地从毛孔浸透进去，因此就能为后续使用的护肤品打开吸收通道，让护肤效果加倍。同时，这个和热敷一样，通过加热促进血液循环，使肌肤从内部得到激活。运用简单蒸脸技巧，上妆效果就会提高数倍。

由于严重干燥，角质层变得又厚又硬，不仅对外观和触感有很大影响，还会妨碍对护肤品的吸收，进一步加速肌肤老化。失去水分和油分的硬邦邦的肌肤，脸色也会很差，给人一种疲惫不堪、苍老的感觉。紧要关头运用简单的蒸脸技巧，就能让肌肤重回光彩照人的状态。

◎ 解决护肤品无法吸收的、硬邦邦的肌肤：简单蒸脸对策

　　由于蒸脸的放松效果也非常好，因此我推荐在晚上护肤前也做一次。方法非常简单，仅仅需要在脸盆里倒上热水，闭上双眼后整张脸放在脸盆上方即可。将浴巾盖在头上，连着整个洗脸盆都包进去的话，还能进一步提高保湿效果。只需要做一次，就能让肌肤摸起来又水又软的。

用蒸汽包围脸部
打造娇嫩、弹性十足的肌肤

　　在洗脸盆里倒入冒着热气的热水，用浴巾从头开始盖着，用蒸汽熏脸 3 分钟。湿气和热气都被闷在浴巾里面，肌肤变水润的同时，还能促进脸部的血液循环。

Part10

通向佐伯干津的美人肌之路
不仅仅是脸部，身体内部、全身都要预防干燥

冬季型烦恼肌肤是所有肌肤类型中干燥问题最严重的一种。并且，由于干燥的不仅仅是肌肤表面，连身体内部也缺水，因此肌肤发出了紧急的求救信号。

不是只有冬季型烦恼肌肤者如此，很多人不怎么爱喝水，体内就会变得干燥、枯竭，肌肤也会失去娇嫩、光泽、张力、弹性以及透明感。有些人则会说"我有喝茶""我一直在喝咖啡,这些也是水啊"。在这里，我还要提醒大家，可能的话，每天最少还是要喝2升的白开水，才能满足肌肤的补水需求。

干燥不仅仅是脸的问题。脸只是身体的一部分而已，身体干燥和脸部干燥是密切相关的。因此，对身体干燥也不要放任不管，赶快选择一款适合你的身体乳液做个护理吧。

还有，服装质地也很容易被人忽视。在寒冷季节里，现在有着超高人气的，像是具有保暖效果的化学纤维质地的服装，都有可能夺走肌肤水分。所以，我建议大家还是选择穿那些羊毛和棉质的天然面料做成的服装吧。

用蜂蜜代替唇膏。滋润、弹性、杀菌效果都超好，而且还很美味呢！

虽然只是嘴唇，但是一不注意就会长出唇纹，还会出现暗淡、色斑。

抹上唇膏后进行按摩，就可以打造丰盈嘴唇。

1

从嘴角向着嘴唇中间按摩

将有滋润效果的护唇膏抹匀后，一只手按住嘴角，用另一只手的中指从嘴角向中间移动按摩。这个动作对消除竖的唇纹很有效果。

2

嘴角以 V 字形按住，将护唇膏抹到皱纹深处

嘴角左右拉伸后按住，撑平皱纹后抹上足够的护唇膏。

3

用保鲜膜做个唇膜

覆上保鲜膜，做个 5 ~ 10 分钟的唇膜，帮助护唇膏里的滋养成分浸透到唇部，可以使嘴唇变得柔软丰盈。

佐伯千津的不老秘诀

◎ Q. 我的目标是拥有像佐伯老师一样的年龄不详的肌肤，这个秘诀是什么

最喜欢的迈克尔·杰克逊的 *THIS IS IT*，已经在电影院里看了17次了。

兴趣!
行动力!
心跳不已
的体验!

CHAPTER 7

通向美丽的捷径
佐伯式必须熟练掌握的
绝对技巧

4种烦恼肌肤的护肤指南的应用篇

◎ 只有掌握基本技巧，才能灵活应用

◎ 从化妆水面膜到肩部护理，掌握佐伯式护肤的基础手法

护肤品不会让你变漂亮
正确的技巧才能让你变漂亮

不要把错误护肤归罪于护肤品或时尚杂志

到现在为止，我已经接触过 10 万名女性的肌肤。

随着这种经验的积累，不知从何时开始，我知道似乎很多人都是由于误以为是护肤品让我们变漂亮，才错过了变漂亮的机会。

一直以来，我的梦想——让所有的女性都变漂亮，目前还是处在难以实现的阶段。但首先，我必须告诉大家，不管是谁都能变漂亮！

在这本书里，我将累积了 40 多年的护肤经验，化为最简单易学的烦恼肌肤分类，大家只要根据问题判断自己属于 4 种肌肤类型的哪一种，再运用书里介绍的对应护肤方法，只要坚持 3 个月，就能让大家再次认识到"不是护肤品，而是技巧让你变漂亮"的事实。

但是，要实际运用这些方法还是有一定难度的。每个肌肤的倾向以及弱点都不同，但是基本护肤的原理是所有肌肤共通的。只有掌握了基本技巧，才能在不同类型肌肤的护肤中发挥出最大的功效。

因此，不要把没有变美归罪于护肤品，或归罪于杂志，也不要归罪于别人。我想让大家意识到，只有那些坦率地倾听肌肤声音，从心底爱着肌肤，认真地坚持基础护肤的人，才能变漂亮这个事实。

佐伯式绝对技巧是什么

不管用多贵的护肤品，如果它的使用方法弄错的话，效果都会减半。

我常常把护肤比做是"肌肤饮食"，这个就和"人是铁，饭是钢"的道理一样。我觉得通过这种简单的比喻，大家就能充分了解护肤的本质了。

作为肌肤大餐的前菜就是化妆水。通过化妆水可以打开吸收通道，等肌肤状态调整好后再抹上作为主菜的精华液。最后，抹上作为甜点的乳液或者乳霜，帮助肌肤锁住之前补充进去的水分和营养，给肌肤满足感。

在护肤时，稍稍加点小心思，就能让肌肤饮食变得更美味可口，让护肤发挥共同作用的效果。比方说，在把护肤品抹在脸上前，可以用手掌进行温热。正如同食物的美味程度受温度影响的道理一样，护肤品的温度不同，肌肤的吸收状态也是不同的。

再比方说，每个护肤步骤中间都要隔个 3 分钟，让护肤品充分被肌肤吸收。这就好像吃饭时一口气吃很多，就没办法消化一样。如果只是把护肤品不停地抹在皮肤上，肌肤没有"细嚼慢咽"，也是无法吸收的。

那么，就从在每个护肤步骤里都花点小心思的，佐伯式绝对技巧开始练习吧。这么一来，护肤品就变得更好，更美味了。

Part2　清洁

打造用手轻触就会吸住的充满水分的肌肤

左右你涂抹的护肤品效果的美肌基础

好像很多人更倾向于花大价钱买精华液、乳霜等营养品，但是对洁面等卸妆产品的选择就马虎了事。

但实际上，我认为只有能够完全去除肌肤污垢的洁面，才是美肌的基础。为什么这么说？这是因为对于那些没办法完全把污垢去除干净的肌肤来说，不管你用多贵的护肤品，都是没办法被肌肤所吸收的，如此一来再优质的护肤品也都没办法发挥效果。

而且，由于清洁意识薄弱，还会引起很多像是使用不适合肌肤的清洁护肤品，进行不必要的双重清洁，无意识的手部动作太过于用力等致命性的护肤错误。

清洁程序中最重要的，就是不要抢走肌肤的水润膜。要是连保护肌肤远离干燥或者外部刺激的必要皮脂，以及健康肌肤必不可少的水分都被洗掉的话，会对肌肤造成严重的伤害。

正确清洁的重点是什么

正确清洁的重点，首先就是你心里要知道"如果化妆用了 15 分钟，卸妆也要花 15 分钟"。认真坚持这条基本原则的话，肌肤肯定会给我们回报的。

其次是要选择正确的清洁产品，基本原则就是要选择不会夺走肌肤水分的乳液型或者乳霜型产品，尽可能避免选择会对肌肤造成多余负担的油性卸妆产品，或者有可能无法充分去污的摩丝型卸妆产品。

在将清洁产品抹在脸上前，用手掌充分温热也是非常重要的一步。通过这么一个小步骤，就会大大提高清洁产品的亲肤性，污垢就能全部浮出肌肤表面，而且也不会拉扯肌肤，造成多余的负担。

此外，绝对禁止像是卸妆后再次使用洗面奶的这种双重清洁。有些人洗脸后肌肤能发出咯吱咯吱的声音，其实这是肌肤发出的悲鸣啊。你必须意识到一旦你这么做了，你给肌肤造成的负担比想象中的重得多。

顺便说一下，早上用清水洗脸就足够了。特别是随着年龄的增加，睡觉时由于氧化作用，肌肤无法分泌足够的油脂。因此为了能够保住肌肤水润膜，早上只要用温水认真洗脸就足够了。

°Part3

留住保护膜
正确的清洁方式

1
将卸妆产品用手掌温热

取适量卸妆霜或者卸妆乳放在手掌中，用另一只手的三根手指在手掌上相互揉搓，将卸妆产品温热至同体温为止。

2
将卸妆产品抹在脸部的五个位置

将温热后的卸妆产品涂抹在双颊、额头、下巴、鼻头上，这样就不会出现一边抹得多，一边抹得少的不均匀情况，就能彻底去除整张脸的污垢。

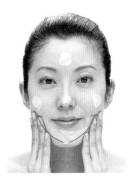

3
沿着下巴方向抹到耳朵下方

双手手指放在下巴上，指腹紧贴皮肤，然后朝着耳朵下面的方向慢慢移动。到了耳朵下后，就移开双手，回到下巴再开始。

4
从鼻翼到耳朵前面，去除全脸污垢

双手放在鼻翼两边，整个指腹紧贴两颊，慢慢向着两侧耳朵前方移动。到了耳朵前方位置后，就移开双手，重新回到鼻翼再开始。

5
轻柔卸除眼妆，将卸妆产品涂抹至太阳穴

双手放在内眼角下面，朝着两侧太阳穴方向涂抹。不要光用指尖，而要将第一关节前的整个指腹紧贴在肌肤上。这是不会让肌肤产生负担的重点。

6
从下到上按摩额头中央

用一只手垂直贴在鼻梁上，沿着眉宇、额头中央，一直到发际从下往上地涂抹。双手互相交替，用指腹慢慢重复进行。

7

深入额头横纹的污染也要清洁干净

用左手按住太阳穴，右手贴在额头，从左边的发际开始一直按摩到右边的发际为止。然后，用左手按住太阳穴，右手贴着额头，从左到右地横向按摩。

8

鼻梁要从上到下地进行按摩

将一只手放在双眉间，将卸妆产品慢慢沿着鼻梁从上往下涂抹，连鼻子下面的人中穴也不要忘记，左右手相互交替这个步骤。

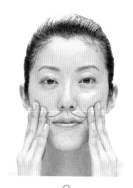

9

鼻子下面以画"八"字的方式按摩

双手放在鼻子下面，就好像画"八"字，朝着两侧颧骨按摩。按摩到颧骨位置后就重新回到鼻子下方，反复前面的动作。注意不要向下拉扯嘴角，而是朝着颧骨位置往上推。

10

从下巴到嘴角，斜着往上推

双手放在下巴上，用指腹紧贴皮肤，然后朝着嘴角向上抹。按摩到嘴角后，移开双手，重新从下巴开始进行按摩。

11

耳朵也是脸的一部分，轻轻地揉耳朵

用手上残留的卸妆产品，按摩耳朵。通过按摩，不仅可以解决耳朵发黑暗沉，还能促进脸部血液循环，提升皮肤透明感。

12

用湿润的化妆棉去除卸妆产品

将两张化妆棉用水浸湿后，挤出多余水分。双手各拿一张化妆棉，按照 Step3 的顺序擦拭脸部残留的卸妆产品。中间可将化妆棉翻过来，两面均能使用。

Part4 重点部位彩妆的卸妆
保护你未来的视力

同时卸除重点部位彩妆，会引起肌肤老化

是不是有些出乎意料，很多人对刷了防水睫毛膏的完美眼妆，或者涂了唇线笔的唇妆，都是用一种卸除产品同时全脸卸妆的呢？

但是，从现在开始立刻停止这个习惯吧。如果再这么下去，会对肌肤造成过度负担，不知不觉地，你让人觉得看上去比实际年龄老上5岁，甚至10岁。

不用专业的眼唇卸妆产品，而是用全脸的卸除产品一次性卸妆的话，会有很大的问题。由于比起脸部其他部分，眼影、口红更难卸妆，因此你要花更多的力气来拉扯皮肤。这样一来，敏感的眼部和嘴巴周围就会松弛，出现皱纹，甚至造成色素沉淀。而且，不仅仅是眼唇周围如此，甚至连那些已经完成卸妆的眼唇周围以外的肌肤，最后由于为了卸除重点部位彩妆，也不得不用力摩擦，这样对整个肌肤都造成负担。

像是含有珠光和亮片的化妆品或者抹了很重的睫毛膏都是很难卸除干净的。为了不管几岁都能保持年轻肌肤，赶快使用专用的眼唇卸妆产品进行局部卸妆吧。

还有，可以使用化妆棉、棉签等工具帮助你卸妆，但是重点是尽可能轻柔地卸妆。

眼屎、彩妆污垢要用眼药水冲洗干净

对于眼屎、眼部残留的彩妆、废旧物质等，如果就这么留在眼睛里，堆积在眼尾部位就有可能出现类似皲裂的炎症。可以在眼部卸妆后，从眼尾部位滴些和泪水成分相同的眼药水进行清洗。为了不让脏东西扩散到整个眼睛，可以用棉签在内眼角位置吸收多余的眼药水和脏东西。

Part5

坚持就会让你年轻5岁
重点部位彩妆的卸妆方法

1
**用水浸湿化妆棉，
然后留出撕口**

将化妆棉用水浸湿后，挤出多余水分。先将化妆棉撕出能够分成五层的撕口。左右眼睛都要用，每只眼睛要用两层。

2
**用化妆棉和棉签涂抹
卸妆产品**

在化妆棉上倒上一元硬币面积大小的专用卸妆产品，放在手掌上，让卸妆产品渗透到整张化妆棉上。然后将棉签按在化妆棉上，使卸妆液渗透到棉签内。

3
**将化妆棉沿着下眼睑
贴上去**

从化妆棉前面撕的开口处分出一层，折成三角形。用一只手的食指和中指轻轻按着，沿着下眼睑贴上去，注意不要让皮肤起皱。

4
**用其他的化妆棉
卸除眼妆**

从化妆棉再撕出一层，然后用手指夹住，沿着眉毛到下眼睑的方向轻轻地抹下来。这一来，上眼皮上的彩妆就会转移到下面贴着的化妆棉上了。

5
**用棉签卸除
睫毛膏和眼线**

用棉签沿着睫毛移动，将睫毛膏转移到贴在下面的化妆棉上。然后沿着外眼角到内眼角的方向轻轻移动，去除眼线。

6
**边擦拭污垢，
边揭下化妆棉**

用一只手按住太阳穴，另一只手揭下贴在下眼睑上的化妆棉。要沿着外眼角到内眼角的方向揭下，注意揭下来的同时还要将污垢擦掉。

化妆水面膜
仅用3分钟就能打造完美肌肤

就像冻豆腐一样，肌肤从硬邦邦到软绵绵

我听到很多惊喜的声音都是说"通过化妆水面膜改变了肌肤"，但是另一方面，仍有很多女性肌肤无法实际感受到化妆水面膜的效果，她们仍旧抱怨"没办法顺利进行""不知道怎么办才好"。

化妆水面膜是佐伯式护肤根本中的根本，是为打造完美肌肤必不可少的一个步骤。

使用化妆水的目的是调整肌肤，肌肤得到镇静后，表面就会变光滑，细胞和细胞之间能够得到舒缓，还能为后续给予的精华液和乳霜等打开一个吸收通道，让护肤品吸收更顺利。仅靠人们把化妆水倒在手上后拍打是没办法发挥化妆水的效果的，因此才要使用化妆水面膜。你只需要将用水浸湿后的大张化妆棉里倒上化妆水，然后撕成薄薄的几层后，紧密地贴在脸上即可，方法就是这么简单。

通过将化妆棉贴在脸上，化妆棉可以发挥密闭效果。通过体温来对肌肤表面进行加热，毛孔短时间内就会打开，这样就会打造出一个水分吸收通道，化妆水就能完完全全地浸透到肌肤深层。等到肌肤含有足够的水分，毛孔就会马上闭合起来，肌肤就会回到健康状态。而且还能帮助肌肤深层的真皮层，充分吸收后续精华液。肌肤含有足够的水分，肌肤就会变柔软，重回健康状态，激活新陈代谢。自此，相信你应该已经明白，为什么说化妆水面膜是打造完美肌肤必不可少的一步。

我拿冻豆腐作比喻，大家就容易懂一点。冻豆腐在解冻前都是硬邦邦的，色泽发黄暗沉。但是，如果给它补充足够的水分，让其解冻的话，就会变得白白嫩嫩的。肌肤也是同样的道理，使用化妆水面膜，肌肤就会发生相应的变化。

我之所以说对于春季型烦恼肌肤、夏季型烦恼肌肤、秋季型烦恼肌肤、冬季型烦恼肌肤来说，化妆水面膜是绝对不可缺少的原因也正是如此。

佐伯式化妆水面膜的诀窍是什么

化妆水面膜的诀窍大致有三个。

第一个就是，化妆棉要事先用水浸湿后再挤干。由于干的化妆棉表面都起毛了，有可能会刺激肌肤。而且，这样做还有个优点，就是能够减少化妆水的用量。

第二个就是，用化妆棉敷脸，能够更贴合肌肤。如果化妆棉上没有全部浸湿的话，效果就会减半。

第三个就是，敷脸不要超过 3 分钟。如果敷脸超过 3 分钟，肌肤刚刚吸收的水分反而会重新被化妆棉给吸收掉。因此，要严格遵守时间。

Part7

让肌肤每天都焕然一新
化妆水面膜

1
先将化妆棉用水浸湿

在这里用的是比平常要大的化妆棉，将化妆棉用水（自来水也可以）浸透后，用双手轻轻挤干多余的水分。

2
将化妆水倒在化妆棉上

将 5mL 的化妆水倒在化妆棉上。这时，如果是春季型、夏季型烦恼肌肤就可以选择美白型化妆水，秋季型、冬季型烦恼肌肤就可以选择保湿型化妆水。

3
涂抹均匀化妆水

将化妆棉对折，以水为媒介，化妆水会均匀地渗透到整张化妆棉上。然后用手从上向下轻轻挤压。

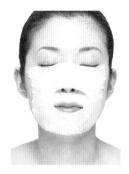

4
将化妆棉撕成五层

按照纤维排列方向，将化妆棉撕成薄薄的五层。可以事先在化妆棉的一角撕开 5 层的开口，这样比较容易撕成厚度均匀的 5 层。

5
撕开化妆棉拉大

将化妆棉撕成 5 层。注意不要扯破，拉到能够盖住半张脸大小即可。化妆棉沿着棉质纤维横向拉比较容易拉大。

6
第一层从下眼睑盖到下巴为止

按照化妆棉纤维排列方向，在嘴巴和鼻子的位置上开个洞，从下眼睑覆盖到下巴为止。将化妆棉用力拉平，紧密贴合肌肤，注意不要让化妆棉起皱。

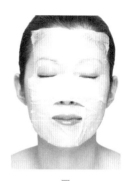  

7
第二层从脸颊开始盖住整张脸

按照化妆棉纤维排列方向，在双眼的位置上开洞，从脸颊开始盖住整张脸。注意化妆棉连上眼睑也要紧密贴合。第一层和第二层化妆棉在脸颊、下眼睑部位会有所重叠。

8
第三、四层盖住左右脸颊

将化妆棉用力拉平后，盖在左右脸颊上。第一层和第二层的化妆棉在眼部周围会有所重叠。这里整张脸都要用化妆棉覆盖上。

9
第五层盖在脖子前面

从下巴到脖子前都敷上化妆棉，等待3分钟。脖子也是脸的一部分。而且脖子特别容易出卖你的年龄，因此绝不能疏于打理。最后从上往下揭去化妆棉。

阻挡肌肤干燥、粗糙
化妆水＋保鲜膜＝面膜

　　虽然通过化妆水面膜能够充分地滋润肌肤，但是对于那些感觉肌肤极度干燥和粗糙的人来说，我还是推荐"化妆水＋保鲜膜＝面膜"的护肤法。把自己的呼吸以及体温包裹起来，就会有天然的蒸汽效果，肌肤也会更加滋润。用两张保鲜膜轻轻地包着上半部脸和下半部脸，这时，要注意为了保证正常呼吸，上半部脸和下半部脸上一定要空开。比起普通的化妆水面膜，这个方法水分蒸发更少，因此"保鲜膜＋面膜"哪怕敷3分钟以上也没关系。

Part8

精华液
直达肌肤最深处的主菜

精华液要根据你最想改善的重点进行选择

精华液能直接对肌肤深层的真皮层发挥作用，是护肤大餐中的主菜。精华液为了保护肌肤年轻化，会给肌肤补充必需物质，像是补充构成真皮层即肌肤基础的胶原蛋白、弹性蛋白、玻尿酸等，或者从最深层开始促进代谢，帮助排除黑色素。

前面，我已经根据不同肌肤类型给大家推荐了各自适合的精华液。但是，或许有些人会觉得我这个也想买，那个也想买，或者觉得精华液也没什么效果。其实，最重要的原则是根据你最想改善的重点进行挑选。

百分百地将营养传到想要传到的地方，将精华液的能量最大限度地发挥出来的诀窍，我将在下面一节中告诉你。

将精华液均匀地抹在整张脸后，用整个手掌按压肌肤，利用手掌的温度帮助精华液全部直达肌肤深层。

抹好后，等3分钟，直到精华液全部渗透到肌肤里。如果趁着精华液还没吸收好，就抹上乳霜或者乳液，护肤效果就会大大地打折。

趁着肌肤还没有厌倦，每隔三天到一周左右，换成别的精华液也是有效的。定期地提供不同的主菜，肌肤就会觉得很美味，精华液的效果也就能更好地发挥出来。

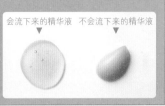

会流下来的精华液与不会流下来的精华液的不同使用方法

精华液可以分成水水的会流下来的类型，和较黏稠的不会流下来的类型。对于会流下来的类型，可以在手掌中取适量，然后用另一只手的指腹搓热后抹到脸上。另一种较黏稠的，没办法立刻温热，就要用双手手掌进行温热，然后感觉膏体软化后再抹到脸上。

会流下来的精华液　　不会流下来的精华液

Part9 将营养传到想要传到的地方

精华液美容术

1
将精华液温热后再抹到整张脸上

一开始先用手掌将精华液温热。用手取一点，分别抹在额头、两颊、鼻子、下巴五个部位上。然后均匀地抹在整张脸上。

2
眼睛下面也要认真涂抹

对于容易出现干燥，而且衰老很明显的眼睛下面也要用指腹认真涂抹。上眼睑只要用残留在手指上的精华液薄薄地抹一层就OK了。

3
将精华液塞到肌肤深层

将精华液在整张脸上均匀抹好后，要加上"塞"的步骤。用手指拉扯肌肤，或者在脸上打圈按摩的动作是绝对不行的，这样会对肌肤产生摩擦，要用指腹慢慢地施压。

4
用双手手掌包住整张脸，完成最后3步动作

①推。朝着脸部内侧轻轻按压。②伸展。用手横向向两侧拉伸肌肉。③提升。用手向两侧斜上方提升肌肤，刺激脸部肌肉，防止肌肤松弛。

5
按压腮腺，促进淋巴循环

用整个手掌贴着耳朵正前方，大拇指放在耳垂的后面。这样按压腮腺，可以促进淋巴循环，还能让脸部轮廓更清晰。

6
将手上残留的精华液抹在耳朵上

将耳朵沿着上、水平、下方向拉伸，耳朵内侧也要用手指按压。这样不仅能让耳朵充满光泽，还能通过刺激耳朵，促进整张脸的血液循环，提升精华液的渗透能力。

Part10

乳液、乳霜
具有锁住水分和补充营养的作用

找到能给肌肤满足感的产品

将化妆水面膜补充的水分和精华液带来的营养成分锁在肌肤里，发挥"加盖作用"的就是乳液和乳霜。要是想有普通小锅盖的效果就选择乳液，如果想有压力锅一样的、密密实实地加个盖子效果的话就选择乳霜。

有些人"讨厌肌肤黏腻，喜欢水嫩的感觉"，光凭自己的喜恶，就省略使用乳液或乳霜。如果你在这一步偷懒了，那么之前进行的护肤就全都白费了，根本没男人办法保护肌肤。因为你之前好不容易才补充进去的水分和营养全部都逃走了。针对讨厌黏腻的人，我建议她们选择清爽型的"加盖"产品，或者多次重复涂抹乳液，或者在涂抹前用手掌进行温热，稍稍多花点功夫，找到一个能够让肌肤得到满足感的产品。

涂抹乳液或乳霜后，用整个手掌包住全脸，轻轻按压。通过体温，能够发挥熨斗般的效果，调整肌肤肌理。

1
将乳霜抹在脸部五个位置上

和精华液一样，乳霜也要用手掌温热后，再抹到脸部的五个位置上。这样就能均匀地涂抹在脸上，之后的涂抹方式也和精华液一样。

2
双手包住脸颊和额头，帮助乳霜渗透

整张脸抹好乳霜后，用双手包住脸颊和额头。为了让乳霜更好地渗透到肌肤深层，一边用体温加热，一边轻轻按压脸颊。

3
用双手手掌进行最后的3个步骤

最后，和精华液一样，进行"最后的3个步骤"，即推、伸展、提升。这样可以很好地刺激脸部肌肉。

眼霜

Part 11
保证你5年后依然年轻的必要护理

做和没做会体现在外表年龄上

眼部周围比其他部位的皮肤更薄，而且由于没有骨骼支撑，很容易受到重力影响。而且，每天要眨眼2万次，不同表情还会有很多激烈的动作。眼部周围比你想象中的还要使用频繁，因此很容易松弛、出现皱纹等老化标志。针对这个问题，有进行特别护理的人和没有进行特别护理的人，5年后就会在外表年龄上出现很大的差别。

在抹眼霜的时候，绝对不能拉扯肌肤，而是要轻柔地涂抹。眼睛下方是沿着外眼角到内眼角方向涂抹，上眼睑是从内眼角到外眼角沿着固定方向进行涂抹。而且,如果再加上对眼部轮廓进行的按摩，就能事半功倍了。

不仅要涂抹眼霜，还要用和眼泪成分一样的眼药水来去除眼睛里的污垢，勤快地擦眼泪，用专用卸妆产品认真卸除眼部彩妆等。为了保护你美丽的双眼，每天下点功夫是很有必要的。

1	2	3	4
将眼霜抹在太阳穴到内眼角的5个位置上	**轻轻按压下方眼部轮廓肌肉**	**通过弹钢琴似的按压，刺激眼部周围**	**轻轻按压眼部上方轮廓肌肉**

1 将眼霜抹在太阳穴到内眼角左右各5个点上。支撑外眼角不往下垂的就是太阳穴了。如果让太阳穴位置的皮肤紧绷,眼睛就能年轻3岁。

2 用双手的食指、中指、无名指的指腹按压在眼部下方位置，用手指沿着外眼角轻点直到内眼角，到了内眼角后不要原路折返，而是要从外眼角重新开始。反复3次。

3 用指尖指腹，像弹琴似的按摩眼部。不仅仅是眼部下方，还要从太阳穴开始一直刺激到外眼角周围，这样可以促进淋巴循环。力度以感到舒服即可。

4 用双手大拇指，贴着眉骨下方的凹陷处，轻轻地斜着往上推。沿着眉头到眉尾的方向一点点地移动。注意不要压到眼球、眉毛上的骨头。

Part12 颈部&肩部
出乎意料地暴露女性老化的 "脸的一部分"

越打扮越漂亮的部位

出乎意料的很多人都会把目光聚集到脖子到胸口的肩颈部位。因此，要是胸口暗沉，或脖子上有皱纹的话，你目测的年龄会比实际老很多。不管你的妆化得多漂亮，都不能说是个美人了。

由于肩颈部位中，那些常常运动到的部位负担很重，因此这些位置也很容易长皱纹。和脸部是一样的，不管照到紫外线的机会多不多，很多人都不愿意用防晒霜。而且，肩颈部位的护理和脸相比，更容易被人疏忽。因此很多人肩颈部位的肌肤代谢紊乱，特别容易出现暗沉问题。

我之所以提议女性从 40 岁开始，就要在夜间护理中加上颈部护理，也是出于这个原因。

护理的重点大致有两个。

第一个就是使用颈部专用产品。当然，用脸部使用的乳霜也没什么太大问题，但如果能使用含有肩颈部位必需成分的，像是胶原蛋白，或者弹性蛋白等的专用产品，就可以取得更好的效果。

另一个就是加上按摩了。通过肩颈刺激淋巴集中的部位，可以减少废旧角质的堆积，还能促进血液循环，消除肌肤暗沉，让肌肤充满透明感。

Part13

消除老化标志
颈部&肩部护理

1
用三根手指贴着脖子
斜向上按摩

用中间三根手指贴着脖子中间位置，朝耳垂后斜向上按摩。诀窍就是要使用整个指腹，力度适宜地慢慢向前滑动。

2
沿着耳垂下方朝着
锁骨按摩

用中间三根手指朝着锁骨方向往下按摩。这个时候要用大拇指轻轻抓住脖子，这样可以提升脖子的美肌效果。

3
双手按摩脖子后面

双手贴着耳朵后面，用整个指腹边按压，边沿着两侧脖子从上往下进行按摩，直到脖子后侧为止。这样可以缓解脖子僵硬，对打造脸部和肩颈部位的美肌也很有帮助。

4
用颈霜刺激
锁骨下方淋巴

用大拇指贴着锁骨凹陷部位，按压肩颈位置，用另一只手按住肩部皮肤横着往外拉伸。双手互换，另一侧也采取同样的方式进行按摩。

5
按压腋窝下方

将四个手指放在腋窝凹陷处，然后将这四根手指与大拇指夹住腋窝。一点点地移动四根手指贴着的位置，然后用指腹轻轻地施压。

6
大拇指贴着腋窝下方，
四根手指伸向后背方向

将大拇指贴着腋窝下方的凹陷处，将四根手指伸向后背方向，抓住腋窝的另一侧，一边改变大拇指的位置，一边慢慢地进行按摩。

上文介绍的四种烦恼肌肤，都是错误护肤造成的失去平衡的肌肤。

我们的目标是：

不受季节和环境左右的，

顽强而柔软的肌肤。

不管是多热的夏天，还是多冷的冬天，

脸色也好，滋润感也好，都不会受到影响……

请努力打造如此稳定的健康肌肤吧！

CHAPTER 8

美丽的最终章
你的目标是超越年龄的美人肌

超越年龄的美人肌5大基准

- 润= 水润
- 滑= 光滑
- 张= 张力
- 弹= 弹力
- 色= 脸色

Part1　超越年龄的美人肌

漂亮肌肤的目标是什么

女性嘴里常常说"想要变成漂亮肌肤",但是一问到"到底怎样的肌肤才算是漂亮肌肤呢",出乎预料的能够具体回答出来的人少之又少。

目标不明确胡乱进行的护肤,就像是不知道比赛终点般一味胡乱跑来跑去。由于缺乏针对肌肤弱点有的放矢的美容,日常的护肤工作就成了一种义务,手法非常粗糙。

本书中,我提议根据不同烦恼的问题倾向,将肌肤分成四种类型进行护理。这是因为充分了解问题产生的状态和原因,目标才能定为不再发生这些问题的肌肤。绝不仅仅是告诉大家短时间问题的解决方法。

我本人不管是在紫外线多强烈的夏天,还是在冷风吹得多狂的冬天,肌肤状态都是保持稳定的。之所以能这样,是因为我是以不受季节和环境左右的肌肤为目标进行护肤的。而且,为了使肌肤状态能够稳定,我还注意调理身体,很好地打理肌肤。

只有像这样爱护肌肤,才能得到真正漂亮的肌肤。

"润、滑、张、弹、色"基准

让我来详细说明一下吧。为打造美肌而设立了独有的确认重点,也就是"润、滑、张、弹、色"五大基准。

润＝水润。"手掌能吸在脸上吗?"用整个手掌包住脸颊轻轻按压,等手掌离开时，肌肤和手掌间存在吸力，那就说明肌肤够水润。相反，如果肌肤马上和手掌分开的话，那就证明肌肤已经干燥了。

滑＝光滑。"额头和鼻子部位会不会有黏腻感呢？"用双手的食指、中指、无名指的手指头贴在脸颊、鼻翼一直到鼻梁、眉毛上方三个位置上。如果手指上留有皮脂的话，这就是皮肤皮脂充足的证据。相反，就说明肌肤皮脂不够，肌肤干燥了。

张＝张力。"手指贴着太阳穴和腮腺部位，轻轻地横向拉伸皮肤会伸展吗？"双手中指贴着太阳穴，大拇指就像是压住耳垂后方似的紧贴肌肤，轻轻按压后，用整个手掌轻轻往后拉伸。这时，外眼角和脸颊出现横纹，没关系。如果出现斜的皱纹，那就说明张力不够。

弹＝弹力。"用手指能捏起厚厚的一块肌肉吗？一捏就觉得痛吗？"用食指和大拇指夹起颧骨下方，能捏起厚厚的一块肌肉，而且会感到疼痛。如果这样，就是充满弹性的证据。如果只能捏起薄薄的一层，而且还感觉不到疼痛的话，就要怀疑肌肤是否弹性不足了。

色＝脸色。"手掌包住脸颊后一旦移开双手，肌肤是否会出现淡淡的红色？"用整个手掌贴着脸颊到太阳穴位置，往上推两次后，肤色如果变成粉红色就没关系。如果没有的话，就说明肌肤血液循环不好。

充分了解了肌肤的理想状态，才能发现自己不足的地方。定好目标，就请与自己的肌肤面对面地交流吧。

Part2　皮肤是有生命的

不是化妆品，而是肌肤

通过确认上一节的"润、滑、张、弹、色"五大美肌要素，你就能清楚地知道自己肌肤的不足之处了。但是，接下来你肯定会问："这么一来，我用什么护肤品才好呢？"换句话说，有很多人都把自己的肌肤交给了护肤品。

的确，护肤品是必不可少的肌肤食物。但是，只有态度正确，满怀爱意地使用，才能让护肤品发挥意想不到的效果。而如果对自己的肌肤置之不理，只是一个劲地关注护肤品，这简直就是本末倒置。

为了健康，肌肤拥有的机能是什么

首先，自己要知道的就是"肌肤是有生命的"这个出发点。护肤品说到底也就是为了让皮肤生存的工具。你首先要知道，作为生物的肌肤它所起的作用。

肌肤主要具备 5 个作用。

第一个，吸收作用。皮肤天生就有屏障机能，基本上是无法吸收来自外界物质的。但是，只有极少一部分成分在特定条件下才能吸收。相反，如果所有物质都能吸收的话，那不是很恐怖的事情吗？你要知道慎重选择自己必要的产品，谨慎使用是多么重要。

第二个，呼吸作用。人生存都是倚仗吸进氧气，呼出二氧化碳，这就是呼吸。这个过程大多数都是通过肺进行的，但是也有一小部分是通过皮肤进行的。这对于皮肤的新陈代谢来说是非常重要的事情。

因此比如当卸妆油等导致毛孔堵塞，就会引起皮肤呼吸困难。红肿、色斑都是肌肤的悲鸣啊。

第三个，分泌、排泄作用。皮肤是从皮脂腺分泌皮脂，从汗腺排放汗液的。这些都能在皮肤表面构筑滋润保护膜，让皮肤变光滑。同时虽然只是一点点，但还是会排出体内的废旧物质以及异物。因此进行正确时间的、能够保证水油平衡的洁面理由也在于此。

第四个，认知作用。皮肤能感知到痛、冷、温、热等刺激，起到保护人体的作用。为了让传感器正常工作，保护肌肤健康尤为重要。

第五个，体温调节作用。作为恒温动物的人类，不管外界温度怎么变化，人体都能保持一定的温度。如果气温一低，就会收缩靠近皮肤表面的血管，防止热量逃脱；相反，如果气温一高，流经皮肤表面的血流量就会增加，随着热量的排出，还会出汗，随着汽化带走身体热能。

如果了解了皮肤的这些作用，你就能知道做什么皮肤才会喜欢，护肤品到底要怎么用才对。

Part3 饮食习惯、生活习惯、性格都决定了肌肤

必须重新考虑的事情

下面我将根据 4 种不同问题倾向的肌肤类型，推荐适合的护肤品和使用方法。但是，请你不要误以为护肤品就能解决所有的问题。

我之所以想让大家重新回头去看"皮肤是有生命的"这个出发点，就是因为仅靠护肤品是没办法得到健康肌肤的。甚至还不如说，维持人类健康的基本活动，比如饮食习惯、生活习惯、性格等这些身边的要素，这些和肌肤的联系要比你想象中的更密切。

如果不重新考虑这些问题，肌肤绝对不会变漂亮的。

日常的微小意识，让你接近美肌

虽然夏天很热，但是在开着空调的房间里，一个劲地喝冷饮吃凉的食物，会造成什么样的结果呢？我们人体本来就有的体温调节功能，如此一来就没办法发挥作用，出汗、收缩及扩张血管都没办法实现。

很多人夏天洗澡只是图凉快，冲一下就好了，这种做法也是不利于美容的。应该慢慢地泡在热水里，温暖身体内部，血液循环也会变好。同时，还能让毛孔和汗腺张开，体内的废旧物质也能顺利排出体外。如果光靠淋浴，只能去除身体表面污垢。但若一直没办法让毛孔汗腺张开，热能和废旧物质一直排不出来，有可能还会成为你肌肤发热长粉刺的原因呢。

如果生活压力很大，又会怎么样呢？皮肤表面长出粉刺和痘痘，肌肤和头发也变得毛毛糙糙的。由于压力，肌肤表情就会变得很阴沉，持续下去还会造成可怕的皱纹和肌肤松弛。

肠胃和肝脏等出问题的话，又会变得怎么样呢？皮肤表面长出粉刺和痘痘，脸色变差，内脏就是通过肌肤的这些征兆来告知我们问题的。

如果很认真地做了护肤，但是喜欢喝酒吸烟的话，又会怎么样呢？习惯性的吸烟会减少体内的维生素C和维生素E，还会促进肌肤老化。而且如果饮酒过量，还会损伤肠胃以及肝脏功能，肌肤就会出现暗沉粗糙、粉刺痘痘等问题。

此外，春季型烦恼肌肤、夏季型烦恼肌肤的人都喜欢吃油腻的食物，很爱出汗，而且性子也很急躁；秋季型烦恼肌肤、冬季型烦恼肌肤的人都喜欢吃清淡的食物，很难出汗，而且性格也很温和。这个就是肌肤问题受到生活习惯、饮食喜好、性格等影响的证据。

说到这里，你肯定会联想到自己的一些不良生活、饮食习惯，而这些又都是会造成肌肤问题的罪魁祸首。健康的肌肤就是健康身心的证明。为了变漂亮，就要享受生活本身，好好地善待爱护自己。

Part4　医生推荐的微整形，靠这个皮肤不会变好

靠别人的肌肤，只会离肌肤理想形态越来越远

"医生推荐"已经成为护肤品的一个种类。药妆护肤品的本来目的，是那些拥有专业知识的皮肤科医生以及美容外科医生，为了解决患者的肌肤烦恼而开发的项目。很多人却盲目坚信"医生＝信赖＝安心""医生＝医疗产品＝治愈"，以为所有的问题都能解决，因而采取了不适合自己肌肤的护肤方法。

但是，护肤品重要的不是用什么，而是怎么用。为了让肌肤变漂亮，关键不是护肤品，而是你必须重新认识自己。

还有，更严重的就是有很多女性非常信赖医学美容。有些人一出现那些让心情郁闷不已的问题，就像抓住救命稻草般四处奔走；还有些人由于迫切想要变得更漂亮，轻易采取医学美容。

不管是上面哪种情况，只会让你离理想肌肤也就是健康肌肤越来越远。

实际上，在沙龙里做手术，最难应付的就是用了错误方法而造成的肌肤损伤。我常常会看到那些肌肤变到让人束手无策，无法挽回的地步。

我想如果你了解这样做会对肌肤造成如此伤害，就绝对不会想要折磨自己了。

此外，就是微整形。我可以理解女性朋友想要变漂亮的心情，但是自己不做任何努力，简单地选择整形的这种想法是非常幼稚、非常

丑陋的。通过手术改变脸部和肌肉，真的能幸福吗？我坚决认为，答案是 NO！

只有靠自己打造的肌肤，才能算漂亮

当你确定健康肌肤的目标，并且彻底了解为此到底需要些什么之后，我想绝对不会回答说是医生推荐、医疗美容，或者微整形了。

实际上，事实已经证明了只要靠人的手和护肤品，就能让色斑和皱纹变淡，让肌肤重回丰满柔软的状态。进一步来说，改正生活习惯的缺点，就能让人变漂亮。

与肌肤面对面，倾听肌肤的声音，认真地触摸你的肌肤……如此，只有那些深爱着肌肤的人，才能打造出完美肌肤。

含有一颗爱护之心来保养的肌肤，才能达到"润、滑、张、弹、色"的美肌标准。自己的肌肤，绝对要有"要持续打造一辈子"的觉悟。

这个就是唯一一条通向漂亮之路。

佐伯千津给你的最终美肌信息

你的肌肤是哪种烦恼肌肤呢？知道"倾向"和"对策"了吗？你是不是已经理解"自以为是"和"误以为"会妨碍你变漂亮呢？

彻底了解肌肤的弱点和形成原因，等你自己知道正确答案后，请耐心十足地坚持3个月。

"本来是知道的""本来是想做的"，这种话一点意义也没有。总之请你相信它，并且去试试看吧。

我凭借多年的美容生涯实践，将我体会到的真正的美容方法——佐伯式美肌法介绍给你，肯定能拯救你的肌肤。

现在开始在每天护肤中，在你每次触摸肌肤或者照镜子时，都要用耳朵认真倾听肌肤的声音，享受这个肌肤慢慢变好的过程。

我之所以想现在出版这本书就是因为想为女性的"美肌迷惑"画上个句号。你的迷惑也成了肌肤的迷惑，不能再放任这些迷途中的肌肤了。

在当今日新月异的变化中，护肤品的发展让人目瞪口呆，信息也是泛滥不已。但是，不能忘记的就是肌肤是你自己的，要知道把自己的肌肤就这么交给名目繁杂的护肤品、交给别人是多么恐怖的事情。

多爱肌肤一点吧，一辈子爱护它吧。

"实践了，也变漂亮了。"我希望更多的女性朋友向我发出这种惊喜的声音。